Eugênio Bastos Maciel

PRINCÍPIOS DA MECÂNICA ESTATÍSTICA

intersaberes

Rua Clara Vendramin, 58 . Mossunguê . CEP 81200-170 . Curitiba . PR . Brasil
Fone: (41) 2106-4170
www.intersaberes.com
editora@intersaberes.com

Conselho editorial
Dr. Alexandre Coutinho Pagliarini
Drª Elena Godoy
Dr. Neri dos Santos
Dr. Ulf Gregor Baranow

Editora-chefe
Lindsay Azambuja

Gerente editorial
Ariadne Nunes Wenger

Assistente editorial
Daniela Viroli Pereira Pinto

Edição de texto
Guilherme Conde Moura Pereira
Arte e Texto Edição e Revisão de Textos

Capa
Débora Gipiela (*design*)
Krzysztof Tylec/Shutterstock (imagem)

Projeto gráfico
Débora Gipiela (*design*)
Maxim Gaigul/Shutterstock (imagens)

Diagramação
Muse Design

Equipe de *design*
Débora Gipiela
Iná Trigo

Iconografia
Maria Elisa Sonda
Regina Claudia Cruz Prestes

Dados Internacionais de Catalogação na Publicação (CIP)
(Câmara Brasileira do Livro, SP, Brasil)

Maciel, Eugênio Bastos
  Princípios da mecânica estatística/Eugênio Bastos Maciel. Curitiba: InterSaberes, 2022. (Série Dinâmicas da Física)

  Bibliografia.
  ISBN 978-65-5517-300-0

  1. Física 2. Mecânica estatística I. Título. II. Série.

21-90235   CDD-530.13

Índices para catálogo sistemático:
1. Mecânica estatística: Física   530.13

Cibele Maria Dias – Bibliotecária – CRB-8/9427

1ª edição, 2022.

Foi feito o depósito legal.

Informamos que é de inteira responsabilidade do autor a emissão de conceitos.

Nenhuma parte desta publicação poderá ser reproduzida por qualquer meio ou forma sem a prévia autorização da Editora InterSaberes.

A violação dos direitos autorais é crime estabelecido na Lei n. 9.610/1998 e punido pelo art. 184 do Código Penal.

Sumário

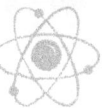

Apresentação 5
Como aproveitar ao máximo este livro 8

1 Termodinâmica 13
    1.1 Equilíbrio térmico 15
    1.2 A primeira lei da termodinâmica 24
    1.3 Ciclos termodinâmicos 33
    1.4 A segunda lei da termodinâmica 40
    1.5 Potenciais termodinâmicos 48

2 Probabilidade e estatística em sistemas termodinâmicos 60
    2.1 Probabilidade 61
    2.2 Valor esperado e desvio padrão 67
    2.3 Variáveis aleatórias e densidade de probabilidade 71
    2.4 Postulado fundamental da mecânica estatística 75
    2.5 Especificação de um estado microscópico do sistema 85

3 *Ensemble* microcanônico 105
    3.1 Estatística de entropia e *ensemble* microcanônico 106
    3.2 Troca de energia entre dois sistemas 112
    3.3 Gás ideal clássico 125
    3.4 Paramagneto ideal 133
    3.5 Gás de Boltzmann 142

4 Ensemble canônico 148

   4.1 Função canônica de partição e energia livre de Helmholtz 150

   4.2 Flutuações na energia do sistema 156

   4.3 Gás ideal monoatômico clássico 170

   4.4 O teorema da equipartição da energia 177

   4.5 Gás monoatômico real 181

5 Ensemble grande canônico 192

   5.1 Grande função de partição e grande potencial termodinâmico 194

   5.2 Flutuações na energia e no número de partículas do sistema 208

   5.3 Gás ideal monoatômico clássico 214

   5.4 Gás ideal quântico 219

   5.5 Gás quântico ideal de Bose e Fermi 230

6 Gases quânticos 235

   6.1 Gás de Fermi degenerado 236

   6.2 Paramagnetismo de Pauli 251

   6.3 Diamagnetismo de Landau 257

   6.4 Condensação de Bose-Einstein 265

   6.5 Gás de fótons 275

Considerações finais 285

Referências 286

Bibliografia comentada 287

Sobre o autor 290

Apresentação

O ato de planejar e desenvolver um livro, de maneira geral, deve ser fundamentado em uma análise profunda em relação a determinado tema. Em se tratando de ciências exatas, em particular, a física, essa profundidade deve ser explícita de forma mais objetiva e com uma gama de modelos matemáticos (equações), que devem, por sua vez, ser justificados para que o leitor compreenda como cada um de seus termos descreve uma quantidade natural de interesse físico.

O estudo das propriedades térmicas dos sistemas físicos é um dos principais ramos da física, seja de cunho teórico, seja experimental. Essas propriedades são analisadas quanto a seus níveis de energia e de comprimento, uma vez que mudanças nesses aspectos as definem. A termodinâmica, por exemplo, estuda essas propriedades em nível macroscópico, ao passo que a **mecânica estatística**, objeto desta obra, traz as características térmicas dos sistemas em nível microscópico.

Considerando as ligações que existem entre essas duas abordagens, será necessário, no primeiro capítulo, analisar características da termodinâmica, uma vez que é mais simples investigar as propriedades térmicas em um nível de energia compatível com a nossa realidade. Essa análise servirá de base para que o restante da obra trabalhe com conceitos já fundamentados.

Uma vez que tratar do mundo microscópico significa realizar uma viagem em que o número de partículas se torna um fator determinante, exploraremos, no segundo capítulo, o *ensemble* estatístico. Iniciaremos a abordagem desse tema com a descrição estatística de um sistema físico no qual explicitaremos as quantidades físicas de interesse determinantes para uma análise térmica desse nível de energia.

No terceiro capítulo, observaremos uma série de aplicações que auxiliam na compreensão de muitos dos fenômenos que estamos acostumados a investigar sob a ótica puramente macroscópica. Isso nos levará, de certo modo, a uma nova compreensão da própria estrutura da matéria. Como exemplos, citaremos, ao longo do capítulo, a lei de Curie para o paramagnetismo, que é amplamente verificada nos mais diversos experimentos, e o gás de Boltzmann, que nos remete a um período anterior ao de Planck e é considerado um precursor da visão discreta para os valores de energia de um sistema físico.

No quarto capítulo, explicitaremos as principais diferenças entre o *ensemble* microcanônico e o *ensemble* canônico, comparando as relações entre as propriedades térmicas de sistemas físicos em ambas as visões. Discorreremos, também, acerca de um dos princípios fundamentais, não somente da mecânica estatística, mas seguramente de toda a física, o chamado *teorema da equipartição da energia*. Por fim, abordaremos a função de partição.

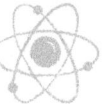

Continuaremos tratando do *ensemble* canônico no quinto capítulo. Destacaremos sua principal propriedade, isto é, o fato de ser um sistema termodinâmico em contato com um determinado reservatório térmico que tem temperatura fixa e definida. No entanto, seguiremos um percurso diferente do adotado no sexto capítulo, de modo que poderemos investigar o *ensemble* grande canônico, comumente conhecido como *grande ensemble*. Demonstraremos como este está associado a um sistema que se encontra em contato com um reservatório térmico e de partículas, principal diferença em relação ao *ensemble* canônico.

Por fim, no sexto capítulo, encerraremos esta obra com a descrição de sistema físicos por meio das leis gerais da mecânica quântica. Nesse sentido, um dos fatos mais importantes, sem dúvida, é a divisão das partículas em dois grandes grupos: os férmions e os bósons. Para cada partícula apresentaremos abordagem mecânica estatística distinta, uma vez que os dois grupos diferem muito em suas propriedades.

Como aproveitar ao máximo este livro

Empregamos nesta obra recursos que visam enriquecer seu aprendizado, facilitar a compreensão dos conteúdos e tornar a leitura mais dinâmica. Conheça a seguir cada uma dessas ferramentas e saiba como estão distribuídas no decorrer deste livro para bem aproveitá-las.

Introdução do capítulo:
Logo na abertura do capítulo, informamos os temas de estudo e os objetivos de aprendizagem que serão nele abrangidos, fazendo considerações preliminares sobre as temáticas em foco.

O que é
Nesta seção, destacamos definições e conceitos elementares para a compreensão dos tópicos do capítulo.

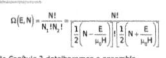

Exercícios resolvidos
Nesta seção, você acompanhará passo a passo a resolução de alguns problemas complexos que envolvem os assuntos trabalhados no capítulo.

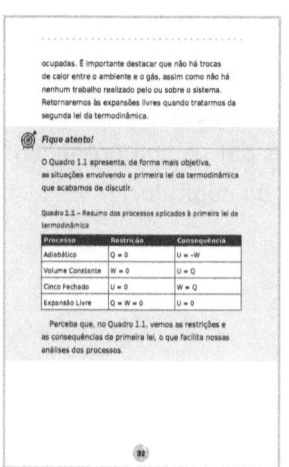

Fique atento!
Ao longo de nossa explanação, destacamos informações essenciais para a compreensão dos temas tratados nos capítulos.

Para saber mais
Sugerimos a leitura de diferentes conteúdos digitais e impressos para que você aprofunde sua aprendizagem e siga buscando conhecimento.

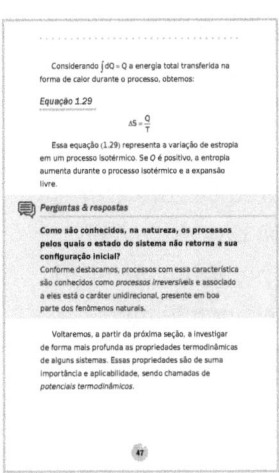

Perguntas & respostas

Nesta seção, respondemos a dúvidas frequentes relacionadas aos conteúdos do capítulo.

Síntese

Ao final de cada capítulo, relacionamos as principais informações nele abordadas a fim de que você avalie as conclusões a que chegou, confirmando-as ou redefinindo-as.

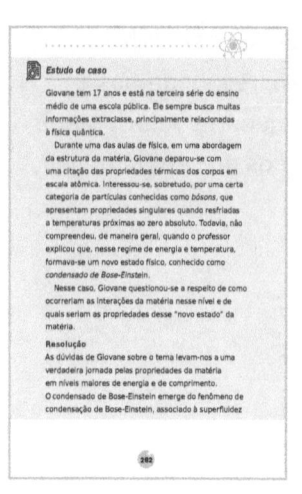

Estudo de caso

Nesta seção, relatamos situações reais ou fictícias que articulam a perspectiva teórica e o contexto prático da área de conhecimento ou do campo profissional em foco com o propósito de levá-lo a analisar tais problemáticas e a buscar soluções.

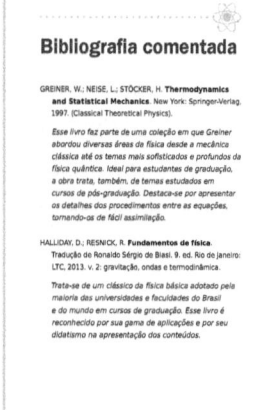

Bibliografia comentada

Nesta seção, comentamos algumas obras de referência para o estudo dos temas examinados ao longo do livro.

Termodinâmica

1

De todos os ramos da física, a termodinâmica é, sem dúvida, aquele que mais se baseia na fenomenologia e nas leis empíricas do ponto de vista macroscópico – ou seja, situações em que temos um sistema com um número reduzido de partículas. No entanto, se estamos interessados em investigar essas propriedades do ponto de vista microscópico, que considera um número "infinito" de partículas, devemos utilizar a mecânica estatística.

Nesse sentido, faz-se necessária, em primeiro lugar, uma revisão acerca dos principais conceitos da termodinâmica, como equilíbrio térmico, conservação da energia ou primeira lei e entropia, de modo a formar uma base para analisarmos, em seguida, esses conceitos em nível microscópico.

Neste capítulo, embora estejamos ainda tomando uma análise macroscópica, os conceitos serão explorados em uma linguagem mais aprofundada, com vistas a uma interpretação mais sofisticada dessas quantidades, antes abordadas de forma superficial nos cursos introdutórios de física básica. Essa análise nos levará a uma visão mais ampla e servirá como base para os capítulos subsequentes, nos quais realizaremos, efetivamente, o estudo das propriedades termodinâmicas de um sistema do ponto de vista puramente microscópico.

1.1 Equilíbrio térmico

A chamada *termodinâmica de equilíbrio* fornece-nos uma descrição completa das propriedades térmicas de um sistema em que os parâmetros macroscópicos não variam com o tempo.

O primeiro conceito a ser investigado aqui é o sistema simples, ou seja, sistemas com propriedades macroscópicas particulares, como grau de homogeneidade e isotropia, que são suficientemente grandes e quimicamente inertes – isto é, não são quimicamente relativos (Salinas, 2008). Um fluido puro e um gás ideal são exemplos de sistemas simples.

Pelo fato de termos uma análise do ponto de vista macroscópico, podemos considerar que a especificação do estado termodinâmico de um sistema simples é descrita por um pequeno número de variáveis macroscópicas.

Para alcançarmos uma visão mais geral e completa das propriedades termodinâmicas de um sistema simples, é possível tomar como base quatro postulados fundamentais (Salinas, 2008).

Postulado 1

Todo estado macroscópico de um sistema composto fica completamente especificado com três variáveis termodinâmicas macroscópicas: a energia interna U, o volume V e a quantidade de matéria, que, eventualmente, pode ser especificada pelo número de moles N do sistema.

No entanto, a fim de fazer uma conexão mais profunda com a mecânica estatística, é comum descrevermos o número de moles pelo número N de partículas. Nesse sentido, se temos r componentes de um fluido para especificar todo o sistema, é necessário termos, também, o conjunto $\{N_i; i = 1, ..., r\}$ de todas as partículas.

No estudo da termodinâmica, os chamados *sistemas compostos* são comuns. Eles correspondem aos sistemas constituídos de um conjunto de sistemas simples separados por paredes e com propriedades termodinâmicas em especial. Como exemplo, é possível citar a parede adiabática, pela qual não é permitida a troca de calor (Huang, 2001).

De maneira geral, o principal objetivo da termodinâmica é explicitar o estado final de equilíbrio de um dado sistema composto quando retiramos os vínculos. A Figura 1.1 consiste na esquematização de um sistema composto formado por três sistemas simples, separados por paredes adiabáticas – que, por sua vez, são fixas e impermeáveis –, com suas respectivas variáveis termodinâmicas.

Figura 1.1 – Sistema termodinâmico composto

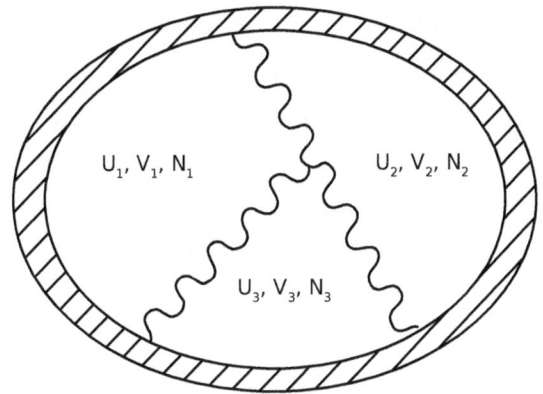

Fonte: Salinas, 2008, p. 62.

Postulado 2

Para um dado sistema composto, existe uma função definida para todos os estados de equilíbrio, a qual contém todos os parâmetros extensivos. Trata-se da entropia (Salinas, 2008), que é dada por:

Equação 1.1

$$S = S(U_1, V_1, N_1, U_2, V_2, N_2, ...)$$

Quando retiramos os vínculos que isolam o sistema, "os parâmetros extensivos assumem valores que maximizam a entropia" (Salinas, 2008, p. 63).

É importante destacar que a entropia descreve, na verdade, uma equação fundamental para um sistema, que possibilita todo seu conhecimento termodinâmico.

Postulado 3

A entropia de um sistema é uma função contínua, diferenciável e monoatomicamente crescente da energia, além de ser aditiva sobre todos seus constituintes.

Esse terceiro postulado nos traz algumas observações importantes. Perceba que, pelo fato de ser uma função aditiva, podemos sempre escrever a entropia da seguinte forma:

Equação 1.2

$$S = S(U_1, V_1, N_1, U_2, V_2, N_2) = S_1(U_1, V_1 N_1) + S_1(U_2, V_2, N_2)$$

Nesse caso, a equação (1.2) é válida para um sistema composto por dois sistemas simples.

Além disso, cabe destacar que, considerando a função entropia dada por $S = S(U, V, N)$, por meio do terceiro postulado, obtemos:

Equação 1.3

$$\frac{\partial S}{\partial U} > 0$$

Essa expressão nos fornece um grande resultado, porque logo notamos que a variação da entropia em relação à energia do sistema é sempre positiva. Assim, conseguimos determinar o recíproco do funcional para a energia do sistema em termos da entropia: U = (S, V, N).

Esse postulado fornece, ainda, uma última análise. Pelo fato de a entropia ser aditiva e uma função

homogênea, temos que $S(\lambda U, \lambda V, \lambda N) = \lambda S(U, V, N)$.
Logo, podemos definir a densidade dessas quantidades funcionais. Nesse caso, devemos ter, para $\lambda = \dfrac{1}{N}$:

Equação 1.4

$$\frac{1}{N} S(U, V, N) = S\left(\frac{U}{N}, \frac{V}{N}, 1\right) = s(u, v)$$

em que, por definição, temos as densidades $u = \dfrac{U}{N}$ e $v = \dfrac{V}{N}$.

Postulado 4

Conforme Salinas (2008, p. 63), "a entropia se anula num estado em que $\left(\dfrac{\partial U}{\partial S}\right)_{V,N} = 0$".

Esse postulado, na verdade, descreve a lei de Nernst, ou terceira lei da termodinâmica, segundo a qual a entropia é nula no zero absoluto.

1.1.1 Algumas quantidades especiais da termodinâmica

O fato de podermos escrever a representação da energia em termos da entropia corresponde a uma importante vantagem. Considerando mais uma vez a função energia $U = U(S, V, N)$ e tomando a sua diferencial, chegamos à seguinte relação:

Equação 1.5

$$dU = \left(\frac{\partial U}{\partial S}\right)_{V,N} dS + \left(\frac{\partial U}{\partial V}\right)_{S,N} dV + \left(\frac{\partial U}{\partial N}\right)_{S,V} dN$$

Podemos fazer uma comparação com a lei da conservação da energia conhecida como *primeira lei da termodinâmica*, que será abordada nas seções seguintes deste capítulo (aqui estamos interessados apenas em termos comparativos de uma função).

A lei de conservação da energia fornece a seguinte relação entre a energia do sistema, o calor e os trabalhos mecânico e químico:

Equação 1.6

$$\Delta U = \Delta Q + \Delta W_{mec} + \Delta W_{qui}$$

Comparando com a equação (1.5), teremos a seguinte igualdade:

$$\Delta U = T\Delta S - p\Delta V + \mu \Delta N$$

Ou na forma diferencial:

Equação 1.7

$$dU = TdS - pdV + \mu dN$$

Essa pode ser considerada a relação fundamental da termodinâmica, conhecida como *relação Euler*. Com base nela, é possível definir os chamados *parâmetros intensivos da termodinâmica de equilíbrio*:

Temperatura:

Equação 1.8

$$T = \left(\frac{\partial U}{\partial S}\right)_{V,N}$$

Pressão:

Equação 1.9

$$p = -\left(\frac{\partial U}{\partial V}\right)_{S,N}$$

Potencial químico:

Equação 1.10

$$\mu = \left(\frac{\partial U}{\partial N}\right)_{S,V}$$

Por meio desses parâmetros, encontramos as famosas equações de estado, aqui na representação da energia. É importante destacar que basta apenas conhecermos duas das equações de estado para construirmos equações fundamentais como a lei de Boyle, $pV = Nk_BT$, e a energia interna do sistema $U = \frac{3}{2}Nk_BT$.

1.1.2 Sistemas em equilíbrio

Agora, vamos efetivamente definir o conceito de equilíbrio térmico para um sistema termodinâmico com base nas quantidades até aqui apresentadas. Vamos considerar, para tanto, um sistema composto que, por sua vez, é constituído por dois sistemas simples, dois fluidos puros, separados por uma parede adiabática, fixa e impermeável, como mostra a Figura 1.2.

Figura 1.2 – Sistema termodinâmico composto de dois fluidos puros

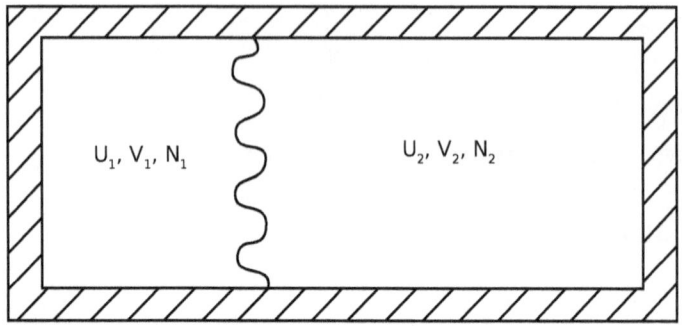

Fonte: Salinas, 2008, p. 67.

Se, em um determinado instante, alterarmos o vínculo, por exemplo, trocarmos a parede adiabática por uma diatérmica, mas ainda fixa e impermeável, observaremos que, após um bom tempo, o sistema atinge um novo estado de equilíbrio. Desse modo, esse novo estado é interpretado como aquele em que há o maior aumento de entropia. Nesse caso, a função entropia pode ser escrita como a equação (1.2), em que o número de partículas e o volume permanecem fixos.

Aqui, é importante destacar que a energia total do sistema permanece constante, de modo que $U_1 + U_2 = U_0 =$ cte. Assim, tomando a diferencial da equação (1.2) com respeito à energia, obtemos:

Equação 1.11

$$\frac{\partial S}{\partial U} = \frac{\partial S_1}{\partial U_1} + \frac{\partial S_2}{\partial U_2} = 0$$

Considerando a energia total também como uma quantidade fixa, teremos que $\frac{\partial S_1}{\partial U_1} - \frac{\partial S_2}{\partial U_2} = 0$.

Assim, observando o conceito de temperatura visto na equação (1.8), podemos considerar que a relação (1.11) nos mostra seu inverso, em que teremos:

Equação 1.12

$$\frac{1}{T_1} - \frac{1}{T_2} = 0$$

Isso nos leva de forma direta à relação conhecida de equilíbrio térmico entre dois sistemas, isto é, quando ambos atingem temperaturas iguais – por exemplo, pense em uma xícara com café quente que, depois de certo tempo, atinge o equilíbrio térmico em relação ao ar. Nesse caso, encontramos:

Equação 1.13

$$T_1 = T_2$$

Note que o postulado da maximização da entropia está inteiramente ligado ao que podemos afirmar que seja a "estabilidade térmica" do sistema, o conhecido estado de equilíbrio térmico.

Como vimos, diversas são as quantidades necessárias para estabelecer as propriedades termodinâmicas de um sistema.

 O que é?

Podemos considerar o estado de um sistema o conjunto de características que o definem e o diferem de outro. No caso desta seção, tratamos de sistemas termodinâmicos, porém é possível a terminologia *estado do sistema* para qualquer sistema físico.

1.2 A primeira lei da termodinâmica

Como a primeira lei da termodinâmica consiste, na verdade, em uma generalização do princípio da conservação da energia, vamos analisá-la de forma usual, sem maiores profundidades do ponto de vista físico e do aparato matemático. Teremos por base, é claro, os chamados *processos termodinâmicos*, nos quais estão mais evidentes as quantidades que definem a primeira lei.

Em todo processo termodinâmico, o calor e o trabalho são grandezas que dependem da forma como sistema é levado de um dado estado inicial para um estado final. Experimentalmente, observa-se que, quando combinada, a quantidade Q – W (respectivamente, o calor trocado no processo e o trabalho realizado) é uma grandeza que depende apenas do estado inicial e final, e não da forma como o sistema foi levado de um estado a outro. Portanto, trata-se de uma variável de estado, como pressão e temperatura, conforme demonstramos na seção anterior.

Esse fato sugere que tal quantidade fornece, na verdade, a variação de uma quantidade intrínseca do sistema, que chamamos de *energia interna do sistema* e escrevemos da seguinte forma:

Equação 1.14

$$U = Q - W$$

Do ponto de vista infinitesimal dessas quantidades, podemos escrever a equação (1.14) conforme a seguinte expressão:

Equação 1.15

$$dU = dQ - dW$$

Essas são as expressões matemáticas para a primeira lei da termodinâmica.

Afirmamos anteriormente que a primeira lei da termodinâmica é uma extensão da lei de conservação da energia. Essa afirmação é verdadeira pelo fato de essa lei ser válida também para sistemas que não estejam isolados, ou seja, que não trocam calor entre si. Podemos aplicar a primeira lei da termodinâmica para alguns processos especiais, que têm características particulares e nos ajudam a visualizar melhor seu significado, que são: processos adiabáticos, processos a volume constante, processos cíclicos e expansões livres.

Processos adiabáticos

Por simplicidade, vamos considerar que o nosso sistema termodinâmico é um gás ideal. Em um processo adiabático, a rapidez com que ocorre o isolamento é tão eficiente que não há trocas de calor entre o sistema e o ambiente (Halliday; Resnick, 2013). Assim, considerando que Q = 0, a primeira lei da termodinâmica resume-se exclusivamente a:

Equação 1.16

$$U = -W$$

Podemos interpretar a equação anterior como a forma de o sistema realizar trabalho sobre o ambiente, ou seja, quando o trabalho é positivo, a energia interna do sistema diminui em um valor igual ao do trabalho realizado. No entanto, se o ambiente é quem realiza trabalho sobre o sistema, isto é, o trabalho é negativo, a energia interna do sistema aumenta em um valor exatamente igual ao trabalho. Isso pode ser observado na Figura 1.3, a seguir, quando retiramos algumas esferas de chumbo permitindo assim que o gás sofra uma expansão.

A Figura 1.3 ilustra um processo adiabático, portanto, o calor não pode entrar ou sair do sistema. Quando removemos as esferas de chumbo do êmbolo e deixamos o gás sofrer uma expansão, o trabalho é realizado pelo sistema e a energia interna diminui. O processo inverso ocorre se acrescentarmos esferas de chumbo ao êmbolo.

Figura 1.3 – Gás preso dentro de um recipiente

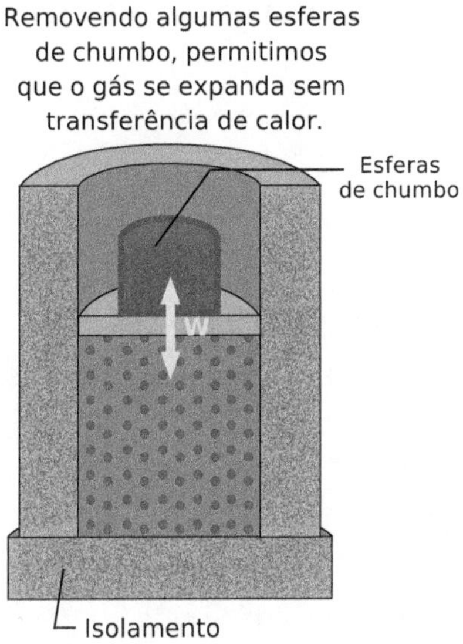

Fonte: Halliday; Resnick, 2013, p. 201.

Processos a volume constante

O trabalho realizado por um gás ou sobre um gás, como observado na Figura 1.3, por definição é expresso por:

Equação 1.17

$$W = \int_{V_i}^{V_f} p\, dV$$

Em muitos processos, o volume permanece constante quando o sistema evolui de um estado inicial para um estado final sem realizar trabalho. Assim, observando a equação (1.17), percebemos que $W = 0$. Nesse caso, a primeira lei da termodinâmica nos fornece a seguinte relação:

Equação 1.18

$$U = Q$$

Na situação em que o sistema receber calor, ou seja, se $Q > 0$, a energia interna aumenta; caso contrário, ela diminui.

Exercício resolvido

Como demonstramos, um gás pode ser levado de um estado inicial para um estado final por meio de um processo cujo volume varie. Dessa forma, é possível determinar de forma explícita seu trabalho.

Diante disso, considere o seguinte caso: um gás em um dado processo termodinâmico a uma pressão constante de 70 pa. Sendo o volume inicial do gás 20 l e o final 50 l, determine o trabalho necessário para que ocorra esse aumento de volume:

a) 2 100 J.
b) 2 200 J.
c) 2 300 J.
d) 2 400 J.

Gabarito: a
***Feedback* do exercício**: Esse problema é resolvido por meio da equação (1.16), perceba que, se a pressão é constante, a integral é somente realizada no elemento infinitesimal de volume dV, o que resulta em uma variação de volume $\Delta V = V_f - V_i$. Então, substituindo os valores, teremos que o trabalho realizado pelo gás é de 2 100 J.

Processos cíclicos

É comum, na natureza, observarmos processos que, muito embora envolvam trocas de calor ou de energia, sempre retornam a seu estado inicial – são os chamados *processos cíclicos*. De forma geral, os processos cíclicos também têm grande aplicação na mecânica, cujos motores operam em ciclos. Abordaremos os principais ciclos termodinâmicos na próxima seção.

Para enunciar a primeira lei, concluímos que a energia interna do sistema é uma propriedade cíclica e uma variável de estado. Uma vez que essa energia permanece constante quando um sistema executa um ciclo, devemos ter U = 0. Assim, para esse caso, a primeira lei da termodinâmica fornece:

Equação 1.19

$$W = Q$$

Assim, o trabalho total realizado durante o processo equivale à quantidade de energia transferida na forma de calor e a energia interna permanece constante.

Expansões Livres

Expansões livres são processos bastantes comuns na natureza. Como exemplo, podemos considerar o calor fluindo de um corpo de maior temperatura para um de menor temperatura. De maneira geral, ocorrem não somente em processos termodinâmicos, mas também nos mecânicos. Sempre associado às expansões livres está o caráter unidirecional do processo, isto é, o fato de que este só ocorre em uma direção – a chamada *direção correta*.

Todas as vezes que ocorrem expansões livres na natureza não há qualquer forma de troca de trabalho ou calor com o ambiente, tal que W = Q = 0. Logo, a primeira lei da termodinâmica apresenta o seguinte resultado:

Equação 1.20

$$U = 0$$

A Figura 1.4 apresenta um exemplo de expansão livre.

Figura 1.4 – Gás ideal em um processo de expansão livre.

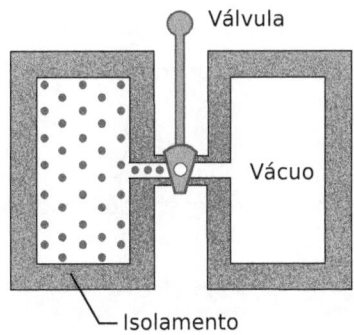

Fonte: Halliday; Resnick, 2013, p. 201.

Examinemos o processo visto na Figura 1.4. Ela mostra um gás inicialmente em um lado do reservatório, em equilíbrio térmico, confinado e fechado por uma válvula em uma das câmaras que compõem o sistema isolado; o outro lado está vazio. A válvula é aberta e o gás expande-se livremente de um lado para o outro até que as duas câmaras fiquem completamente ocupadas. É importante destacar que não há trocas de calor entre o ambiente e o gás, assim como não há nenhum trabalho realizado pelo ou sobre o sistema. Retornaremos às expansões livres quando tratarmos da segunda lei da termodinâmica.

Fique atento!

O Quadro 1.1 apresenta, de forma mais objetiva, as situações envolvendo a primeira lei da termodinâmica que acabamos de discutir.

Quadro 1.1 – Resumo dos processos aplicados à primeira lei da termodinâmica

Processo	Restrição	Consequência
Adiabático	$Q = 0$	$U = -W$
Volume Constante	$W = 0$	$U = Q$
Cinco Fechado	$U = 0$	$W = Q$
Expansão Livre	$Q = W = 0$	$U = 0$

Perceba que, no Quadro 1.1, vemos as restrições e as consequências da primeira lei, o que facilita nossas análises dos processos.

> **Para saber mais**
>
> SIMULAÇÕES INTERATIVAS. **Phet**. Disponível em: <https://phet.colorado.edu/pt_BR/simulations/filter?subjects=physics&type=html&sort=alpha&view=grid>. Acesso em: 8 out. 2021.
>
> O uso de simulações computacionais é uma boa maneira de visualizar melhor boa parte dos fenômenos físicos. Hoje em dia, existem vários *sites* e aplicativos que nos fornecem novas possibilidades de trabalhar com as simulações. Nesse sentido, para investigar as propriedades térmicas dos gases e verificar alguns processos termodinâmicos, sugerimos que você acesse essa página do *Phet*. Nela, há simulações para os fenômenos térmicos e também para outros ramos da física.

Fechamos nossa análise sobre a primeira lei da termodinâmica e estamos munidos das informações necessárias para prosseguir nas mais diversas aplicações, principalmente nos ciclos termodinâmicos, que discutiremos a seguir.

1.3 Ciclos termodinâmicos

Nesta seção, destacaremos alguns ciclos termodinâmicos de grande importância e com ampla aplicabilidade em nosso cotidiano. Embora existam diversos ciclos termodinâmicos, como o ciclo Otto, o Diesel e o Stirling, aqui vamos enfocar o ciclo de Carnot e o ciclo Otto. Entre ambos, sem dúvidas, o primeiro é o principal, porque envolve a segunda lei da termodinâmica, que será objeto de estudo na Seção 1.4 a seguir.

O ciclo de Carnot

A maioria dos processos que ocorrem na natureza são irreversíveis em maior ou menor grau. Esse fato está associado à presença de atrito e a outros fatores que, de certa forma, "dissipam a energia". Vamos, a partir de agora, estudar as máquinas térmicas e os refrigeradores, dois dispositivos que operam em ciclos.

Chamamos de *máquinas térmicas* todo dispositivo que extrai energia do ambiente na forma de calor e realiza trabalho útil. Toda máquina térmica necessita de uma substância de trabalho, a qual opera em ciclos que são uma sequência de processos termodinâmicos fechados comumente chamados de *tempo*. Esse funcionamento se torna mais claro quando idealizamos uma máquina térmica.

Chamamos a máquina ideal de *máquina de Carnot*, em homenagem ao engenheiro francês Sadi Carnot. De todas as máquinas térmicas, esta é a que utiliza calor com maior eficiência para realizar trabalho útil. A Figura 1.5 contém uma idealização da máquina de Carnot e seu funcionamento.

Figura 1.5 – Esquema de funcionamento de uma máquina ideal de Carnot

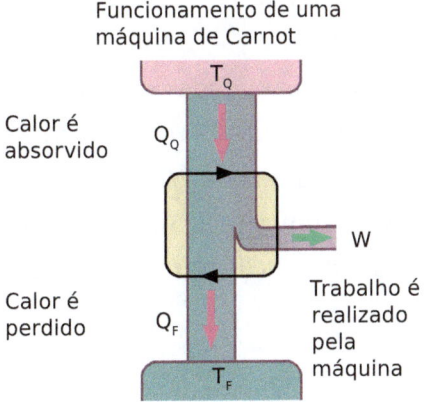

Fonte: Halliday; Resnick, 2013, p. 255.

Conforme evidencia a Figura 1.5, existem duas fontes em uma máquina de Carnot: uma fonte quente, da qual é retirado o calor Q_Q a uma temperatura T_Q, e uma fonte fria, que recebe calor quando a máquina realiza trabalho. As setas verticais indicam o sentido da transferência de calor entre as fontes. Já as setas pretas horizontais representam a substância de trabalho operando em ciclos, de modo que um W é realizado pela máquina térmica. Podemos, ainda, construir um diagrama p – V para o ciclo de Carnot.

As quantidades de interesse para avaliarmos a máquina de Carnot são o trabalho e a variação de entropia. Para analisarmos o trabalho realizado devemos aplicar a primeira lei da termodinâmica para a substância de trabalho. Uma vez que a máquina opera em ciclos, qualquer quantidade retorna repetidamente ao estado inicial, de maneira que a variação de qualquer quantidade, como pressão, temperatura, volume e entropia, é sempre nula.

Se tomarmos essa quantidade como sendo a energia interna do sistema, teremos que U = 0. A primeira lei da termodinâmica nos garante que W − Q = 0. Sendo Q o calor líquido resultante, podemos reescrever a primeira lei da termodinâmica para o ciclo de Carnot da seguinte forma:

Equação 1.21

$$W = |Q_Q| - |Q_F|$$

As quantidades $|Q_Q|$ e $|Q_F|$ representam o calor líquido da fonte quente e da fonte fria respectivamente.

Como a variação de entropia também é uma função de estado em um ciclo completo, teremos que $\Delta S = 0$, o que nos leva a definir a variação de entropia para o ciclo de Carnot como:

Equação 1.22

$$\Delta S = \Delta S_Q - \Delta S_F$$

Nesse caso, as quantidades ΔS_Q e ΔS_F representam as variações de entropia associadas ao calor e à temperatura da fonte quente e fria respectivamente. Usando a equação (1.22) e sabendo que a variação de entropia em um ciclo fechado é nula, obtemos que a forma da variação de entropia para o ciclo de Carnot é dada por:

Equação 1.23

$$\frac{|Q_Q|}{T_Q} = \frac{|Q_F|}{T_F}$$

Perceba que, como $T_Q > T_F$, devemos ter sempre $|Q_Q| > |Q_F|$, ou seja, teremos mais energia extraída na forma de calor da fonte quente do que fornecida para a fonte fria.

De maneira prática, o objetivo maior de toda máquina térmica é converter o máximo de energia disponível em Q_Q em trabalho útil. A quantidade que define essa propriedade é conhecida como *eficiência térmica da máquina* (ε), calculada por meio da divisão do trabalho que a máquina realiza (energia utilizada) por ciclo pela energia que recebe em forma de calor (energia adquirida):

Equação 1.24

$$\varepsilon = \frac{\text{energia utilizada}}{\text{energia adquirida}}$$

Em termos quantitativos teremos

Equação 1.25

$$\varepsilon = \frac{W}{|Q_Q|}$$

Ou, ainda:

Equação 1.26

$$\varepsilon = 1 - \frac{|T_F|}{|T_Q|}$$

Perceba que, para uma máquina de Carnot operar com 100% de eficiência, seria necessário que $Q_F = 0$, ou seja, todo o calor proveniente da fonte quente deveria ser convertido em trabalho útil, o que, na prática, é impossível.

Os refrigeradores são dispositivos que operam no sentido oposto ao das máquinas térmicas. Neles, o trabalho é realizado para transferir energia de uma fonte fria para uma fonte quente por meio de processos termodinâmicos cíclicos. Nos refrigeradores domésticos, por exemplo, o trabalho é realizado por um compressor elétrico, que tem o importante papel de transferir energia do compartimento em que estão guardados os alimentos, a fonte fria, para o ambiente, a fonte quente.

Figura 1.6 – Esquema de funcionamento de um refrigerador

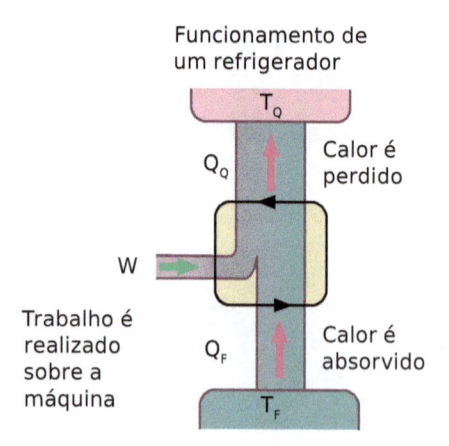

Funcionamento de um refrigerador

T_Q
Q_Q
Calor é perdido
W
Trabalho é realizado sobre a máquina
Q_F
Calor é absorvido
T_F

Fonte: Halliday; Resnick, 2013, p. 255.

Perceba, pela Figura 1.6, que o funcionamento de um refrigerador ocorre de maneira contrária ao da máquina térmica, mas no mesmo processo, operando sempre em ciclos.

Gráfico 1.1 – Ciclo de Carnot

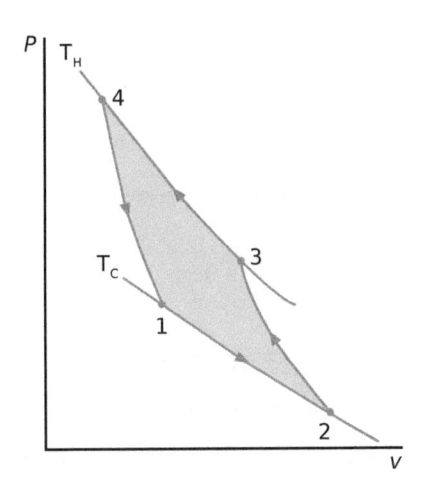

Fonte: Moran; Shapiro; Boettner, 2008, p. 272.

No Gráfico 1.1, podemos observar os ciclos de Carnot, com duas compressões e duas expansões no diagrama p – v.

O ciclo Otto

Outro importante ciclo termodinâmico é o chamado *ciclo Otto*, que consiste em dois processos, nos quais há trabalho, mas não transferência de calor. O Gráfico 1.2 mostra de forma mais clara as etapas desse ciclo.

Gráfico 1.2 – Ciclo Otto

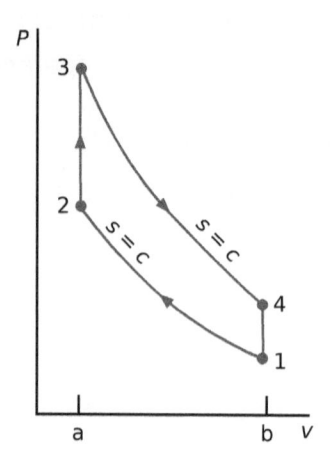

Fonte: Moran; Shapiro; Boettner, 2008, p. 513.

De acordo com o Gráfico 1.2, nos processos 1-2 e 3-4, há transferência de calor, mas nenhum trabalho; já nos processos 2-3 e 4-1, não há transferência de calor, mas há realização de trabalho. As expressões para essas transferências de energia são obtidas reduzindo-se o balanço de energia do sistema fechado, assumindo que as mudanças na energia cinética e no potencial podem ser ignoradas.

1.4 A segunda lei da termodinâmica

Podemos considerar a segunda lei da termodinâmica como aquela que se destaca das demais leis da física, não por sua comprovação experimental, e sim porque suas implicações extrapolam a física e vão ao campo filosófico/

metafísico. Ela traz em seu escopo a chamada *seta do tempo*, segundo a qual boa parte dos fenômenos naturais ocorrem em apenas uma direção, a direção correta.

É possível afirmar também que são diversos seus enunciados e seus significados, sendo o enunciado de Clausius e o de Kelvin os mais conhecidos e discutidos. Esses enunciados foram expostos com base nos trabalhos de Carnot sobre a máquina térmica e os processos cíclicos. Por essa razão, costumamos enunciar a segunda lei da termodinâmica no estudo das máquinas térmicas e nos refrigeradores.

Segundo Kelvin, a segunda lei da termodinâmica é compreendida pelo fato de que é impossível construir uma máquina térmica que opere de modo a converter todo o calor recebido em trabalho, ao passo que, para Clausius, é impossível construir um aparelho refrigerador que opere sem o consumo de trabalho. Após o desenvolvimento dessas ideias, Clausius definiu a entropia como uma função de estado e indicou que a segunda lei da termodinâmica está baseada no princípio da máxima entropia (Oliveira, 2005).

De maneira geral, a segunda lei deve ser pensada como uma lei natural estruturada em três partes:

1. **Primeira parte**: Essa parte "nos leva às definições de temperatura absoluta e de entropia. Combinada com o princípio da conservação da energia, ela nos permite construir o espaço termodinâmico e introduzir a relação fundamental de sistemas em equilíbrio" (Oliveira, 2005, p. 45).

2. **Segunda parte**: Corresponde à interpretação proposta por Gibbs para o princípio da entropia máxima. Nesse caso, somos levados à convexidade da entropia e às condições de estabilidade para os sistemas termodinâmicos (Oliveira, 2005).
3. **Terceira parte**: Diz respeito à evolução temporal dos sistemas termodinâmico, especificamente ao fato de a entropia sempre aumentar em processos irreversíveis e espontâneos (Oliveira, 2005).

Sabemos que processos espontâneos ocorrem quando dois corpos de temperaturas distintas são colocados em contato térmico. Nesse caso, fica estabelecido espontaneamente o fluxo de calor do corpo com temperatura maior para o de temperatura menor. Antes de serem colocados em contato térmico, os dois corpos estão em equilíbrio termodinâmico, isto é, um estado em que as quantidades termodinâmicas, como pressão e volume, são as mesmas após o contato. Outro exemplo em que observamos a espontaneidade do sistema é o caso de uma expansão livre.

Um fato curioso e importante de destacar é que, durante o processo de chegar ao estado de equilíbrio, a energia total permanece constante, ou seja, é conservada. De maneira geral, podemos generalizar para um sistema composto por mais de dois corpos que, a princípio, devem estar separados por algumas paredes de materiais isolantes. Após a reiterada dessas paredes, todo o sistema tende ao equilíbrio térmico.

Desse modo, concluímos que um processo espontâneo é aquele em que um sistema isolado, cujo estado inicial é um estado de equilíbrio – nesse cenário, de equilíbrio vinculado –, passa para um estado de equilíbrio geral, conhecido como *equilíbrio irrestrito*. Nesse caso, os estados inicial e final têm a mesma energia, uma vez que esta é conservada. Nessa configuração, o princípio da máxima entropia garante que a entropia em processos espontâneos deve sempre aumentar. Perceba que usamos esse fator na análise das máquinas térmicas apresentadas anteriormente.

Em termos quantitativos, vamos fornecer uma expressão para a variação de entropia sob a ótica dos processos irreversíveis, aqueles que não ocorrem em sentido contrário no tempo. Essa expressão é dada em termos da temperatura e da energia do sistema – a última pode ser adquirida ou perdida na forma de calor.

Outra forma de conceber a entropia de um sistema é do ponto de vista microscópico. Essa perspectiva tem relação com o número de microestados do sistema, que será objeto dos capítulos posteriores, nos quais estaremos efetivamente investigando a análise microscópica com as definições da mecânica estatística.

Para compreender melhor a relação entre a temperatura, a energia na forma de calor e a variação de entropia, vamos considerar a Figura 1.7.

Figura 1.7 – Expansões livres e processos irreversíveis

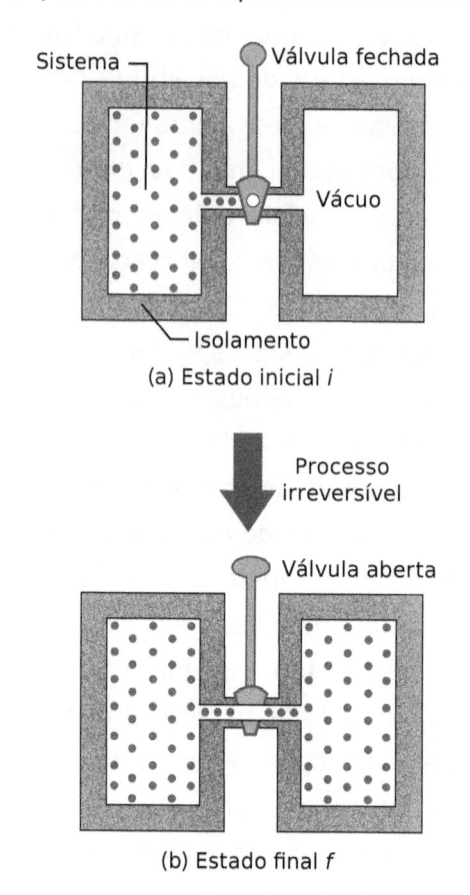

Sistema
Válvula fechada
Vácuo
Isolamento
(a) Estado inicial *i*

Processo irreversível

Válvula aberta

(b) Estado final *f*

Fonte: Halliday; Resnick, 2013, p. 249.

Na Figura 1.7, verificamos uma expansão livre, que, como indicamos, é um processo pelo qual o sistema (gás) vai de um estado inicial para um estado final mantendo a temperatura constante, ou seja, $T_i = T_f = T$. Nesse caso, há duas situações. Na primeira, o gás está preso por uma válvula em um recipiente, o sistema está isolado termicamente e não perde calor para o meio. Quando a válvula é aberta, o gás expande-se para ocupar o outro recipiente e, após um certo tempo, atinge o estado de equilíbrio final *f*. Esse processo de expansão é, na verdade, um processo irreversível, uma vez que o gás não retorna ao estado inicial.

Como são propriedades do estado, a pressão e o volume só dependem dos estados inicial e final no processo. Vamos considerar que, além do volume e da pressão, a variação de entropia também seja uma variável de estado. Assim, podemos relacionar a variação de entropia, a temperatura e o calor por meio da equação (1.27), a seguir:

Equação 1.27

$$\Delta S = S_f - S_i = \int_i^f \frac{dQ}{T}$$

Aqui, *Q* é o calor absorvido ou cedido durante o processo e *T* é a temperatura do sistema dada em Kelvin. Como nessa escala a temperatura é sempre positiva, o sinal da entropia depende do sinal de *Q*.

Há um problema quando trabalhamos a equação (1.27), porque a temperatura, o calor e a pressão variam de forma imprevisível. Essas variáveis não passam por valores em que há equilíbrio. Desse modo, fica praticamente impossível determinar a integral. Também é impossível construir um diagrama p – V como indica a Figura 1.8.

Figura 1.8 – Diagrama p – V para um processo qualquer

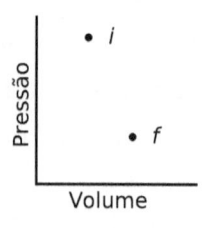

[Diagrama p-V com ponto i no canto superior esquerdo e ponto f mais abaixo à direita; eixo vertical: Pressão; eixo horizontal: Volume]

Fonte: Halliday; Resnick, 2013, p. 249.

No entanto, é possível contornar esse problema. Considerando que a entropia é uma função de estado, podemos substituir um processo irreversível por um processo reversível que liga os mesmos estados *i* e *f*. Nesse sentido, é viável plotar um gráfico p – V e, assim, encontrar uma relação entre *Q* e *T* que nos permita usar tranquilamente a integral em (1.27).

É possível considerarmos o processo reversível, em substituição à expansão livre, uma expansão isotérmica, visto que em ambos os tipos a temperatura é constante. Nesse caso, os dois processos apresentam o mesmo estado inicial e o mesmo estado final e, portanto, a mesma variação de entropia. Assim, a partir da expansão isotérmica, a temperatura é constante, de modo que a equação (1.23) pode, então, ser reescrita como:

Equação 1.28

$$\Delta S = S_f - S_i = \frac{1}{T}\int_i^f dQ$$

Considerando $\int dQ = Q$ a energia total transferida na forma de calor durante o processo, obtemos:

Equação 1.29

$$\Delta S = \frac{Q}{T}$$

Essa equação (1.29) representa a variação de estropia em um processo isotérmico. Se Q é positivo, a entropia aumenta durante o processo isotérmico e a expansão livre.

Perguntas & respostas

Como são conhecidos, na natureza, os processos pelos quais o estado do sistema não retorna a sua configuração inicial?

Conforme destacamos, processos com essa característica são conhecidos como *processos irreversíveis* e associado a eles está o caráter unidirecional, presente em boa parte dos fenômenos naturais.

Voltaremos, a partir da próxima seção, a investigar de forma mais profunda as propriedades termodinâmicas de alguns sistemas. Essas propriedades são de suma importância e aplicabilidade, sendo chamadas de *potenciais termodinâmicos*.

1.5 Potenciais termodinâmicos

Como sabemos, em todo sistema conservativo, como um sistema massa-mola e o movimento de um corpo nas proximidades da superfície da Terra, o trabalho realizado – pelas forças elástica e gravitacional nos exemplos – pode ser armazenado na forma de energia potencial e, depois, recuperado (Reichl, 1998). Dessa maneira, é natural pensarmos que somos capazes de traçar um paralelo com as quantidades termodinâmicas e, assim, obter uma situação similar.

Do ponto de vista termodinâmico, a energia é armazenada na forma de trabalho por meio de processo reversíveis, de modo que pode ser eventualmente recuperada. A quantidade termodinâmica armazenada e recuperada na forma de trabalho é chamada de *energia livre*. Existem diversas maneiras de observá-la. Aqui, vamos discutir as principais – por exemplo, a entalpia, a energia livre de Helmholtz e a energia interna. Essas quantidades são conhecidas como *potenciais termodinâmicos*.

Como sabemos, na representação da energia, as variáveis independentes são S, V e N, assim como na representação da entropia as variáveis independentes são U, V e N. Isso, de certa forma, produz um desconforto ao investigar as propriedades termodinâmicas do sistema, uma vez que existem outras variáveis, como a temperatura e a pressão, que são mais acessíveis do ponto de vista experimental.

Para fazer essa substituição nessas quantidades, recorremos à tão famosa transformação de Legendre, cujo objetivo é fazer uma mudança de coordenadas entre uma função e sua derivada. De forma direta, esse passo consiste em encontrar uma nova função que seja equivalente a uma dada função inicial quando tomamos sua derivada. Por exemplo, considera-se a função $y = y(x)$ tal que sua derivada seja $p = \dfrac{dy}{dx}$. Nesse caso, a transformada, na verdade, consiste em determinar uma outra função $\Psi = \Psi(p)$ que seja equivalente a y.

É fato que toda função $y = y(x)$ pode ser construída por meio uma tabela com valores obtidos de um par coordenado (x, y) em um plano cartesiano. Vamos generalizar essa ideia e construir uma tabela de pares (y, p) e, ao contrário do caso do par ordenado, teremos que cada par representa um conjunto de retas paralelas ao plano xy, porém não é possível determinar qual é a função $y = y(x)$.

No entanto, percebemos que a relação $y = y(p)$ fornece a relação $y = y\left(\dfrac{dy}{dx}\right)$, que, na verdade, se configura em uma equação diferencial, de modo que sua solução seja encontrada a menos de um valor constante. Entretanto, podemos construir uma tabela que envolve o valor da tangente e da interseção da reta tangente à curva y, conforme o Gráfico 1.3.

Gráfico 1.3 – A transformada de Legendre

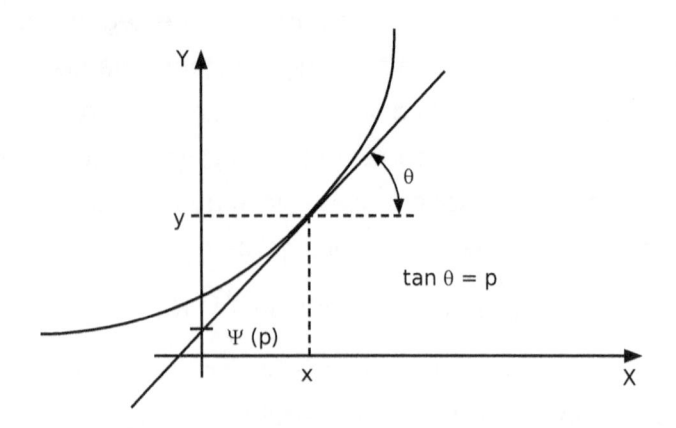

Fonte: Salinas, 2008, p. 73.

Perceba que, na verdade, estamos construindo uma família de tangentes à curva. Como lidamos com funções cuja convexidade é bem definida (caso das funções termodinâmicas), podemos determiná-las completamente. Nesse caso, a transformada de Legendre da função $y = y(x)$ é expressa pela função $\psi = \psi(p)$, de maneira que:

Equação 1.30

$$\psi = \psi(p) = y(x) - px$$

Aqui, percebemos que a variável x pode ser eliminada por meio da equação $p = \dfrac{dy}{dx}$. Como um exemplo de aplicação da transformação de Legendre, há o fato de que, por meio dela, encontramos a formulação hamiltoniana da mecânica clássica.

No formalismo lagrangiano, a função de Lagrange $\mathcal{L} = \mathcal{L}(q, \dot{q}, t)$, cujas variáveis são $q, \dot{q}, t$, é uma função fundamental. Como sabemos, o momento generalizado é encontrado por:

Equação 1.31

$$p = \frac{\partial \mathcal{L}}{\partial \dot{q}}$$

No formalismo hamiltoniano, a função da Hamilton é encontrada pela transformada de Legendre:

Equação 1.32

$$-\mathcal{H}(q, \dot{q}, t) = \mathcal{L}(q, \dot{q}, t) - p\dot{q}$$

Podemos considerar a equação (1.32) como uma das mais importantes equações de toda a física clássica, pois fornece a informação geral de toda a energia do sistema.

Exercício resolvido

Os formalismos lagrangiano e hamiltoniano fornecem a mais elegante e sofisticada análise para um sistema físico, uma vez que não necessitam das informações sobre as propriedades vetoriais de seus componentes e os determinam apenas com a informação sobre a energia do sistema. Para o caso de um oscilador harmônico simples, cuja lagrangiana é $\mathcal{L} = \frac{m\dot{x}^2}{2} - \frac{kx^2}{2}$, a função hamiltoniana é definida como:

a) $\mathcal{H} = \dfrac{p^2}{2m} - \dfrac{kx^2}{2}$

b) $\mathcal{H} = \dfrac{p^2}{2m} + \dfrac{kx^2}{2}$

c) $\mathcal{H} = \dfrac{p^2}{2m} - \dfrac{3kx^2}{2}$

d) $\mathcal{H} = \dfrac{3p^2}{2m} - \dfrac{kx^2}{2}$

e) $\mathcal{H} = \dfrac{5p^2}{2m} + \dfrac{3kx^2}{2}$

Gabarito: b

Feedback do exercício: Para determinar a função hamiltoniana é preciso aplicar as expressões vistas em (1.15) e (1.16). Dessa forma, teremos que:

$$-\mathcal{H} = \mathcal{L} - \dot{x}p$$

em que o momento é obtido por meio de $p = \dfrac{\partial \mathcal{L}}{\partial \dot{x}} = m\dot{x}$. Nesse caso, teremos:

$$-\mathcal{H} = \dfrac{m\dot{x}^2}{2} - \dfrac{kx^2}{2} - m\dot{x}^2$$

Sendo assim, obtemos como resultado:

$$\mathcal{H} = \dfrac{p^2}{2m} + \dfrac{kx^2}{2}$$

Voltando para as quantidades termodinâmicas, vamos construir, agora, as mais variadas transformadas de Legendre para a energia U = U(S, V, N) de um sistema. Devemos levar em conta os parâmetros intensivos definidos nas equações de (1.8) à (1.10) (temperatura, pressão e potencial químico), a fim de encontrar os potenciais termodinâmicos detalhados a seguir.

Energia livre de Helmholtz

Com o uso da transformada de Legendre, podemos obter relações independentes e equivalentes à representação fundamental (relação de Euler). Tomando a representação da energia, $U = U(S, V, N)$, é possível substituir a entropia pela temperatura, como visto na equação (1.8), por meio da transformação de Legendre (Greiner; Neise; Stöcker, 1997):

Equação 1.33

$$F = U - TS$$

Essa expressão é chamada de *energia livre de Helmholtz* (Greiner; Neise; Stöcker, 1997). Tomando sua diferencial total, teremos $dF = dU - TdS - SdT$ e, usando a relação de Euler, podemos encontrar:

Equação 1.34

$$dF = -SdT - pdV + \mu dN$$

Perceba que a energia livre de Helmholtz é uma função da temperatura T, do volume V e do número de partículas N. Assim, é fácil obter as equações de estado nessa representação:

$$S = -\left(\frac{\partial F}{\partial T}\right)_{V,N} \text{ (Entropia)}$$

$$p = -\left(\frac{\partial F}{\partial V}\right)_{T,N} \text{ (Pressão)}$$

$$\mu = \left(\frac{\partial F}{\partial N}\right)_{V,T} \text{ (Potencial químico)}$$

De maneira geral, a energia livre de Helmoltz é compreendida de acordo com o seguinte procedimento (Oliveira, 2005): uma vez fixado um certo valor para a temperatura, podemos variar a entropia de tal forma que encontramos um mínimo, o qual é justamente o termo que se encontra do lado direito da equação (1.33).

Entalpia

O procedimento que empregamos para determinar a energia livre de Helmoltz é o mesmo que utilizaremos para determinar os demais potenciais termodinâmicos. Isso porque sempre aplicaremos uma transformação de Legendre e mudaremos as representações das variáveis. Nesse ponto, vamos representar a variável de volume V em termos da pressão p, por meio da transformação:

Equação 1.35

$$H = U + pV$$

Essa equação (1.34) define um outro potencial termodinâmico conhecido como *entalpia*. Perceba que essa quantidade é uma função das variáveis S, p, N. Tomando a diferencial total da equação (1.35) e usando a relação de Euler da termodinâmica (equação 1.7), chegamos à seguinte relação:

Equação 1.36

$$dH = TdS + Vdp + \mu dN$$

cujas equações de estado são definidas como:

$T = \left(\dfrac{\partial H}{\partial S}\right)_{p,N}$ (Temperatura)

$V = \left(\dfrac{\partial H}{\partial T}\right)_{S,N}$ (Volume)

$\mu = \left(\dfrac{\partial F}{\partial T}\right)_{V,N}$ (Potencial químico)

Assim como todos os potenciais termodinâmicos, a entalpia pode, a princípio, ser calculada para qualquer sistema, no entanto, é mais utilizada em processos isobáricos, em que p = cte e dp = 0, e adiabáticos, em que $\delta Q = 0$.

Energia livre de Gibbs

Ao contrário dos demais potenciais termodinâmicos, a energia livre de Gibbs pode ser obtida diretamente da energia livre de Helmoltz, por meio de uma transformação de Legendre mediante uma única variável (Greiner; Neise; Stöcker, 1997). É possível, também, obtê-la por meio de duas outras transformações diretamente da equação de Euler da termodinâmica, com as variáveis *S* e *V*.

De qualquer modo, teremos a transformada definida de acordo com a seguinte relação:

Equação 1.37

$$G = U - TS + pV$$

Assim, tomando sua diferencial total e usando mais uma vez a relação de Euler, obtemos:

Equação 1.38

$$dG = -SdT + Vdp + \mu dN$$

cujas variáveis de estado podem ser encontradas facilmente:

$$S = -\left(\frac{\partial G}{\partial S}\right)_{p,N} \text{(Entropia)}$$

$$V = \left(\frac{\partial G}{\partial p}\right)_{T,N} \text{(Volume)}$$

$$\mu = \left(\frac{\partial G}{\partial N}\right)_{p,T} \text{(Potencial químico)}$$

A energia livre de Gibbs pode ser considerada como o trabalho realizado por um sistema em um processo isotérmico ou isobárico reversível.

O grande potencial termodinâmico

Por fim, terminamos nossa análise sobre os potenciais termodinâmicos tratando do grande potencial termodinâmico. Esse tipo de potencial é obtido por meio de transformações que envolvem o número de moles, sendo definido com a seguinte transformação de Legendre:

Equação 1.39

$$\Phi = U - TS - \mu N$$

Considerando sua diferencial total e usando mais uma vez a relação de Euler, encontramos a seguinte relação:

Equação 1.40

$$d\Phi = -SdT - pdV - Nd\mu$$

Perceba que essa quantidade é uma função das variáveis *T*, *V* e μ, tal que as equações de estado são definidas como:

$$S = -\left(\frac{\partial \Phi}{\partial T}\right)_{V,\mu} \text{ (Entropia)}$$

$$p = -\left(\frac{\partial \Phi}{\partial V}\right)_{T,\mu} \text{ (Pressão)}$$

$$N = -\left(\frac{\partial \Phi}{\partial \mu}\right)_{V,T} \text{ (Número de partículas)}$$

Como consequência dessas quantidades, surgem algumas relações importantes conhecidas como *relações de Maxwell*, que podem indicar a existência de uma certa relação entre o comportamento de determinadas grandezas físicas inicialmente consideradas totalmente distintas.

Síntese

- A termodinâmica é a parte da física que estuda os fenômenos térmicos relacionados às propriedades macroscópicas do sistema.
- O estado de equilíbrio térmico pode ser considerado o estado em que dois sistemas atingem a mesma temperatura e, eventualmente, pode ser determinado por uma função de todas as variáveis macroscópicas do sistema conhecida como *entropia*.
- O calor é uma energia térmica que flui de um corpo de maior temperatura para um corpo de menor temperatura.
- O trabalho é uma forma de energia que se relaciona com o calor e uma propriedade intrínseca do sistema conhecida como *variação de energia térmica*.
- A primeira lei da termodinâmica nada mais é do que uma extensão do princípio da conservação da energia, nesse caso, aplicada a sistemas que não estão isolados.
- A segunda lei da termodinâmica trata de uma característica universal de muitos fenômenos da natureza: o seu caráter unidirecional, que, na verdade, pode ser compreendido como a irreversibilidade. Esse conceito se configura e se baseia na noção de entropia.

- A segunda lei da termodinâmica também traz em seu gérmen uma das ideias mais profundas e misteriosas de toda a física, a chamada *seta do tempo*, intimamente ligada ao conceito de irreversibilidade.
- Máquinas térmicas e refrigeradores são dois dispositivos que podem trazer uma melhor compreensão da segunda lei da termodinâmica, a chamada *lei da entropia*.
- Nenhum dispositivo, seja máquina térmica, seja refrigerador, pode trabalhar com 100% de eficiência. A máquina e o refrigerador que apresentam o melhor desempenho são a chamadas *máquina de Carnot* e *refrigerador* de Carnot.
- Os potenciais termodinâmicos são quantidades muito importantes para o estudo das propriedades térmicas dos sistemas. A energia livre de Helmholtz e a energia livre de Gibbs são exemplos de potenciais termodinâmicos.

Probabilidade e estatística em sistemas termodinâmicos

2

Como discutimos no capítulo anterior, a termodinâmica é a parte da física destinada a investigar as propriedades térmicas dos sistemas físicos em nível macroscópico. A partir de agora, estamos aptos a investigar essas propriedades térmicas em nível microscópico, ou seja, entraremos no campo de estudo da mecânica estatística.

Nesse sentido, é imperioso discutir os conceitos e as propriedades do cálculo das probabilidades e da estatística. Isso porque trataremos de sistemas com um número "infinito" de partículas, de modo que seria uma tarefa inviável estudar tais propriedades de forma individual para cada partícula.

Entre os principais conceitos da teoria das probabilidades, nesta obra, utilizaremos especialmente os de distribuição normal e gaussiana, de extrema importância para especificar as propriedades térmicas dos sistemas. Em sequência, apresentaremos o postulado fundamental da mecânica estatística, chamado de *postulado das probabilidades iguais a priori*. Com base nesse postulado, são formulados todos os conceitos que abarcam o campo de estudo da mecânica estatística.

2.1 Probabilidade

Iniciamos nosso estudo com os conceitos fundamentais da teoria das probabilidades, principalmente suas operações e propriedades, por meio dos quais será possível destacar os objetos mais usados no decorrer desta obra, como a distribuição binomial e gaussiana. Iniciamos nossa abordagem com o problema do caminho aleatório, conhecido de perto como o *andar do bêbado*. Depois disso, será possível observar como as propriedades térmicas dos sistemas físicos estão intimamente ligadas ao movimento e às descrições probabilísticas analisados nesta seção.

Na Figura 2.1, a seguir, temos um eixo de coordenadas orientado de modo que o intervalo está dividido de forma igual com comprimento l.

Figura 2.1 – Caminho aleatório igualmente espaçado com comprimento l

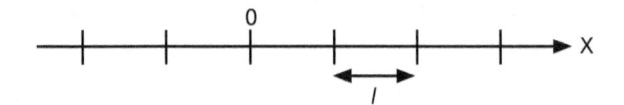

Fonte: Salinas, 2008, p. 22.

Um indivíduo anda sobre essa linha podendo dar passos com esse comprimento para a direita com uma probabilidade que definimos como *q*, ou para a esquerda como probabilidade q = 1 – p. Perceba que essa relação não significa nada mais do que uma soma de probabilidades. De maneira geral, o problema do caminho aleatório objetiva determinar a probabilidade $P_N(m)$ de que um indivíduo se encontre em uma dada posição x = ml depois de dar *N* passos. É válido destacar, aqui, que o número inteiro *m* varia entre $-N \leq m \leq N$, ou seja, está contido dentro do intervalo dos possíveis passos que podem ser realizados no caminho (Salinas, 2008).

Para uma dada sequência de N passos, em que é possível ter N_1 passos para a direita e N_2 passos para a esquerda, a probabilidade obedece à regra da multiplicação:

Equação 2.1

$$(p...p)(q...q) = p^{N_1}q^{N_2}$$

Analisando a sequência dos possíveis passos dado pelo indivíduo, teremos que o número das sequências N_1 para a direita e $N_2 = N - N_1$ para a esquerda será dada por $\dfrac{N!}{N_1!N_2!}$. Desse modo, a probabilidade de, em um total de *N* passos, o indivíduo dar N_1 passos para a direita e N_2 passos para a esquerda é definida em termos da distribuição binomial:

Equação 2.2

$$W_N(N_1) = \dfrac{N!}{N_1!N_2!} p^{N_1} q^{N_2}$$

Nesse caso, $p + q = 1$ e $N_1 + N_2 = N$. Perceba um fato interessante com a equação (1.2): tomando uma somatória das probabilidades com relação ao número total de passos, obtemos a seguinte relação:

Equação 2.3

$$\sum_{N_1=0}^{N} W_N(N_1) = \sum_{N_1=0}^{N} \frac{N!}{N_1! N_2!} p^{N_1} q^{N_2} = (p+q)^N = 1$$

Perceba que essas probabilidades já se encontram normalizadas. Assim, para satisfazer essa condição, devemos ter $0 \leq W_N(N_1) \leq 1$ para $0 \leq N \leq 1$. Nesse caso, concluímos o que é usualmente conhecido, isto é, que a probabilidade é, na verdade, um número positivo que varia entre 0 e 1.

Usando o fato de que $m = N_1 - N_2$, a probabilidade $P_m(m)$ é determinada pela relação:

Equação 2.4

$$P_m(m) = \frac{N!}{\left(\frac{N+m}{2}\right)! \left(\frac{N-m}{2}\right)!} p^{\frac{N+m}{2}} q^{\frac{N-m}{2}}$$

em que $p + q = 1$.

Um fenômeno físico amplamente estudado e descrito pela teoria das probabilidades é o movimento browniano, que nada mais é do que um fenômeno de difusão. Esse fenômeno consiste em um movimento aleatório de partículas em um fluido, por exemplo, o movimento do pólen sob a superfície da água.

Para saber mais

SALINAS, S. R. A. Einstein e a teoria do movimento browniano. **Revista Brasileira de Ensino de Física**, v. 27, n. 2, p. 263-269, 2005. Disponível em: <https://www.scielo.br/j/rbef/a/KwMkzqsWzTPJbjFsPN47nyj>. Acesso em: 11 out. 2021.

Você sabe qual foi o tema da tese de doutoramento de Albert Einstein? Ao contrário do que muitos pensam, a tese de Einstein não foi sobre as teorias da relatividade restrita e geral nem sobre o efeito fotoelétrico, que lhe rendeu o Nobel em 1921. Sua tese de doutoramento foi sobre o movimento browniano, abarcando investigações sobre a dimensão molecular. Você pode saber mais um pouco sobre a tese de trabalho de Einstein lendo esse artigo do professor Silvio R. A. Salinas, do Instituto de Física da Universidade de São Paulo (USP), publicado na *Revista Brasileira de Ensino de Física*.

De maneira resumida, é possível construir o problema do caminho aleatório por meio de uma equação que envolva variáveis aleatórias de probabilidade, conhecidas como *equações estocásticas*. Dessa forma, evidencia-se a conexão entre as teorias das probabilidades e os fenômenos de difusão.

Vamos, agora, construir essa equação. Considere que $P_m(m)$ é a probabilidade de um indivíduo, ou uma partícula, ser encontrado em uma posição $x = ml$, no instante de tempo $t = N\tau$, em que τ é o intervalo de tempo de cada passo. Assim, somente as partículas que se encontrem nas posições x = (m + 1)l ou x = (m – 1)l no tempo t = Nτ podem atingir a posição x = ml. Diante disso, para um passo seguinte, devemos ter a seguinte relação para a probabilidade:

Equação 2.5

$$P_{N+1}(m) = pP_N(m-1) + qP_N(m-1)$$

Observando novamente a equação (2.4), podemos considerar a equação (2.5) uma relação de recorrência.

Sempre que encontrarmos sequências em que a probabilidade para um dado instante de tempo é estabelecida por valores que dependem das probabilidades em um instante anterior, estaremos diante das as chamadas *cadeias de Markoff* (Salinas, 2008), de grande importância para sistemas físicos. Percebemos, de forma resumida, que as equações estocásticas fornecem a dinâmica de um sistema físico por meio de "assertivas", probabilísticas. Essa característica é fundamental para o estudo de sistemas físicos fora do equilíbrio, que estão fora do escopo desta obra.

Na situação em que temos uma probabilidade de $p = q = \frac{1}{2}$, se considerarmos o limite em que τ e *l* são muito pequenos, podemos escrever a probabilidade na forma contínua:

Equação 2.6

$$\frac{P_{N+1} - P_N}{\tau} \sim \frac{\partial P}{\partial t}$$

Equação 2.7

$$\frac{P(ml-l) + P(ml-l) - 2P(ml)}{l^2} \sim \frac{\partial^2 P}{\partial x^2}$$

Assim, com as equações (2.6) e (2.7), chegamos à famosa equação de difusão:

Equação 2.8

$$\frac{\partial P}{\partial t} = D \frac{\partial^2 P}{\partial x^2}$$

em que o coeficiente D é conhecido como *coeficiente de difusão*, definido como $D = \frac{l^2}{2\tau}$.

2.2 Valor esperado e desvio padrão

Agora, vamos investigar dois importantes conceitos da teoria das probabilidades: valor esperado e desvio padrão. Consideraremos u uma variável aleatória que pode assumir M valores discretos, de modo que a probabilidade de ocorrência de um valor u_j seja $P_j = P(u_j)$, em que, nesse caso, $0 \leq P_j \leq 1$, para qualquer valor de j.

Em todos os casos vamos considerar que a distribuição é normalizada, tal que:

Equação 2.9

$$\sum_{j=1}^{M} P(u_j) = 1$$

Por definição, em uma dada amostra contendo *j* eventos, o valor médio esperado é dado por:

Equação 2.10

$$\bar{u} = \langle u \rangle = \sum_{j=1}^{M} u_j P(u_j)$$

Se considerarmos f(u) uma função de *u*, o valor esperado de f(u) será, portanto, definido como:

Equação 2.11

$$\overline{f(u)} = \langle f(u) \rangle = \sum_{j=1}^{M} f(u_j) P(u_j)$$

Uma outra quantidade muito aplicada é o chamado *desvio da média*, que, por definição, é dado por:

Equação 2.12

$$\Delta u = u - \langle u \rangle$$

Podemos observar facilmente que o valor médio do desvio da média é nulo e, portanto, de pouca utilidade – vemos isso com a relação $\langle \Delta u \rangle = \langle (u - \langle u \rangle) \rangle = 0$.

Do desvio da média podemos, ainda, obter o chamado *desvio quadrático*, definido como:

Equação 2.13

$$(\Delta u)^2 = (u - \langle u \rangle)^2$$

Com esse conceito definimos o que vem a ser uma das mais usadas quantidades da teoria das probabilidades em sistemas físicos, a chamada *variância* ou *dispersão*, vista como:

Equação 2.14

$$\langle (\Delta u)^2 \rangle = \langle (u - \langle u \rangle)^2 \rangle = \langle u^2 \rangle - \langle u \rangle^2$$

Essa quantidade é também muitas vezes chamada de *segundo momento*. Uma propriedade importante é que a dispersão apresenta sempre um valor positivo, ou seja, $\langle (\Delta u)^2 \rangle \geq 0$.

Considerando a raiz quadrada da dispersão, obtemos o desvio padrão. O estudo comparativo entre o desvio padrão e o valor médio de grandezas físicas é de grande importância, uma vez que compreende a ideia da largura da distribuição de probabilidade, ou seja, mostra como a distribuição se comporta, se é muito fina ou muito espalhada. A seguir, observamos gráficos com duas distribuições de probabilidades com características peculiares (Gráfico 2.1).

Gráfico 2.1 – Distribuições de probabilidade

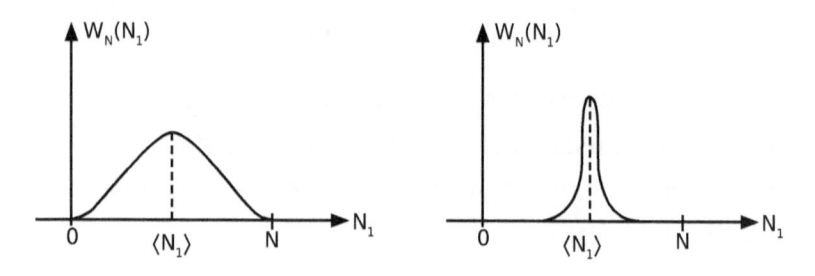

Fonte: Salinas, 2008, p. 25.

Note que, no primeiro gráfico, os valores se encontram mais dispersos em torno do valor médio, enquanto, no segundo caso, percebemos uma curva mais acentuada em torno do valor médio da amostra.

Para o caso do caminho aleatório, temos:

Equação 2.15

$$\langle N_1 \rangle = \sum_{N_1=0}^{N} N_1 W_N(N_1) = \sum_{N_1=0}^{N} N_1 \frac{N!}{N_1! N_2!} p^{N_1} q^{N_2}$$

Na próxima seção, abordaremos o conceito de densidade de probabilidade, essencial para posterior estudo dos sistemas contínuos.

2.3 Variáveis aleatórias e densidade de probabilidade

Realizamos uma análise de variáveis probabilísticas discretas, ou seja, variáveis que podiam assumir valores fixos. A partir de agora, vamos analisar algumas quantidades que envolvem o estudo de variáveis contínuas, isto é, aquelas que podem assumir valores dentro de um certo intervalo definido.

Antes de considerarmos a situação em que há um grande número de variáveis discretas (caso contínuo), analisemos a situação em que há duas variáveis aleatórias discretas u e v, tal que a distribuição conjunta é:

Equação 2.16

$$\sum_{j,k} P(u_j, u_k) = 1$$

Isso nos leva a definir a probabilidade:

Equação 2.17

$$P_u(u_j) = \sum_k P(u_j, v_k)$$

É importante destacar que, para valores independentes, deveremos sempre satisfazer a condição de normalização:

Equação 2.18

$$\sum_k P(u_j) = 1$$

Definimos duas variáveis independentes e correlacionadas, aquelas que permitem escrever sua probabilidade conjunta como o produto das probabilidades individuais. Nesse caso, constatamos:

Equação 2.19

$$P_u(u_j, v_k) = P(u_j)P(v_k)$$

Para o caso particular que envolve variáveis aleatórias estaticamente independentes, o valor esperado do produto é o produto dos valores esperados.

Para o caso em que temos variáveis aleatórias contínuas, a variável *u*, por exemplo, pode assumir valores dentro de um intervalo *a* e *b*. Nessa configuração, a probabilidade p(u)du deve ser compreendida como a probabilidade de que a partícula se encontre dentro do intervalo compreendido entre *u* e u + du. Assim, a função f(u) representa, na verdade, o que chamamos de *distribuição de densidade de probabilidade*, cuja condição de normalização é definida como:

Equação 2.20

$$\int_a^b p(u)du = 1$$

Nesse caso, podemos generalizar o valor médio de uma função de probabilidade de forma bastante direta:

Equação 2.21

$$\langle f(u) \rangle = \int_a^b f(u)p(u)du$$

Uma observação faz-se necessária neste ponto. Quando tomamos o limite do contínuo, o diferencial *du* se encontra dentro de um intervalo que podemos considerar macroscopicamente muito pequeno. No entanto, do ponto de vista microscópico, ele é considerado grande.

Assim, o problema do caminho aleatório pode, então, ser generalizado. Para isso, vamos supor que o deslocamento infinitesimal do j-ésimo passo seja descrito pelo comprimento de um caminho agora não discreto, mas contínuo, que ocorre com probabilidade $w(s_j)ds_j$. Nesse sentido, é possível indagarmos qual é a probabilidade de o indivíduo se encontrar entre *x* e *x* + dx, com o valor de *x* definido como:

Equação 2.22

$$x = \sum_{j=1}^{N} s_j$$

É válido destacar, aqui, que tanto s_j quanto os valores de *x* são variáveis contínuas, tal que é possível determinar o valor médio e o desvio padrão sem maiores dificuldades. Logo,

Equação 2.23

$$\langle x \rangle = \left\langle \sum_{j=1}^{N} s_j \right\rangle = \sum_{j=1}^{N} \langle s_j \rangle = N\langle s \rangle$$

em que

Equação 2.24

$$\langle s \rangle = \int_{-\infty}^{+\infty} s w(s) ds$$

Então,

Equação 2.25

$$\Delta x = \sum_{j=1}^{N} s_j - N\langle s \rangle = \sum_{j=1}^{N} \Delta s_j$$

Logo,

Equação 2.26

$$\langle \Delta x \rangle = \sum_{j=1}^{N} \langle \Delta s_j \rangle = 0$$

Depois de certos desenvolvimentos matemáticos, chegamos ao desvio relativo descrito por:

Equação 2.27

$$\frac{\sqrt{\langle (\Delta x)^2 \rangle}}{\langle x \rangle} = \frac{\sqrt{\langle (\Delta s)^2 \rangle}}{\langle s \rangle} \frac{1}{\sqrt{N}} \sim \frac{1}{\sqrt{N}}$$

> **Fique atento!**
>
> Como indicamos, há uma diferença conceitual entre as variáveis aleatórias discretas e contínuas. No entanto, é possível encontrar as mesmas quantidades, como desvio padrão e valor médio, sem maiores problemas.

Com esses resultados estamos munidos das informações necessárias para investigarmos as propriedades térmicas dos sistemas físicos com o uso da mecânica estatística.

2.4 Postulado fundamental da mecânica estatística

Existem duas importantes quantidades que resumidamente concentram todos os fenômenos da natureza: os campos e as partículas. Em um sistema físico de partículas, a dinâmica é governada pelas leis da mecânica. Dessa forma, podemos utilizar as leis da mecânica quântica, para o nível atômico, ou da mecânica clássica, para o nível clássico.

Ademais, é possível construir modelos de caráter semiclássico, que facilitam, de forma drástica, nossa abordagem, pois são mais "palpáveis" à análise física.

De maneira geral, o estudo da mecânica estatística fundamenta-se em três "ingredientes" (Salinas, 2008):

1. **Especificação dos estados microscópicos do sistema**: Estados formam um conjunto conhecido como *ensemble estatístico*.
2. **Formulação de um postulado fundamental e utilização das teorias de probabilidade**: Na situação em que temos sistemas com energias definidas, tal postulado se fundamenta na hipótese das probabilidades iguais *a priori*. Veremos, adiante, que esse elemento nos leva à definição do *ensemble* microcanônico, objeto de estudo do próximo capítulo.
3. **Estabelecimento de uma conexão com a termodinâmica**: Essa análise nos conduzirá às variáveis que são visíveis no mundo macroscópico.

De maneira geral, para a análise dos sistemas, consideramos apenas os conceitos fundamentais que fornecem as manifestações físicas de interesse. Por exemplo, se quiséssemos investigar as propriedades magnéticas de um cristal iônico, seria mais conveniente resumir todo o estudo à análise de uma rede cristalina rígida e, portanto, desprezar o movimento vibracional dos íons.

Estudaremos de maneira detalhada os autoestados de um modelo quântico e o conjunto de pontos do espaço de fase para sistemas clássicos. Esses são os objetos que servem como base para a análise mecânico-estatística de sistemas físicos. A Figura 2.2, a seguir, contém o exemplo de um espaço de fase para uma partícula clássica.

Figura 2.2 – Espaço de fase para uma partícula clássica

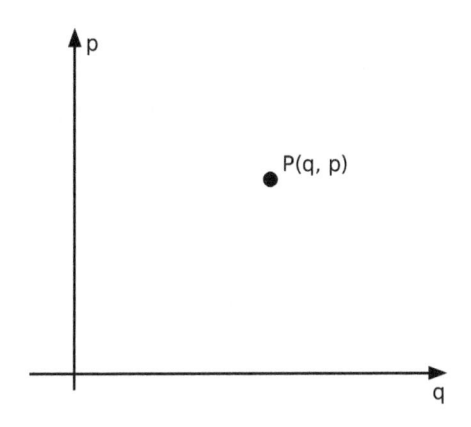

[Gráfico com eixos p (vertical) e q (horizontal), mostrando um ponto P(q, p)]

Fonte: Salinas, 2008, p. 49.

Perceba, na Figura 2.2, que um ponto do espaço de fase fica totalmente especificado pelas coordenadas de posição q e de momento p. Especificaremos essas quantidades quando tratarmos da especificação de estados, na próxima seção. Por ora, é importante formularmos uma hipótese que nos levará diretamente ao postulado fundamental da mecânica estatística, a chamada *hipótese ergódica*.

Para formular a hipótese ergódica, consideremos que, na Figura 2.2, a partícula que se encontra vista no espaço de fase segue uma trajetória, a partir de um certo instante de tempo t_0. Consideremos, ainda, que o sistema apresenta n graus de liberdade. Do ponto de vista clássico, a formulação hamiltoniana mostra que o hamiltoniano $\mathcal{H}$ é uma função das variáveis independentes *q*, *p*, *t*, em que *q* e *p* estão ambas parametrizadas no tempo *t*.

Assim, como sabemos, a trajetória de uma partícula no espaço de fase é descrita pelas equações de Hamilton:

Equação 2.28

$$\frac{\partial \mathcal{H}}{\partial p} = \frac{dq}{dt} = \dot{q}$$

e

Equação 2.29

$$-\frac{\partial \mathcal{H}}{\partial p} = \frac{dp}{dt} = \dot{p}$$

Essas equações simplificam muito a análise, pois nos garantem que, mesmo se tivermos trajetórias complicadas, estas não deverão cruzar o espaço de fase.

Agora, vamos supor a seguinte situação: em vez de apenas uma partícula, há um conjunto com um grande número de partículas no espaço de fase, de modo que poderemos considerá-lo macroscopicamente denso. Assim sendo, os pontos do espaço de fase nessa configuração podem ser especificados pela densidade:

Equação 2.30

$$\rho = \rho(q, p, t)$$

Nesse caso, ρ(q, p, t) descreve o número de pontos em um dado instante de tempo *t* com as coordenadas entre qeq + dq e pep + dp. Com essas propriedades, facilmente estabelecemos uma equação que evidencie a evolução temporal da densidade:

Equação 2.31

$$\frac{d\rho}{dt} = \frac{\partial \rho}{\partial q}\dot{q} + \frac{\partial \rho}{\partial p}\dot{p} + \frac{\partial \rho}{\partial t}$$

Com essa relação, definimos os chamados *parênteses de Poisson*, por meio das relações vistas em (2.28) e (2.29):

Equação 2.32

$$\{\rho, \mathcal{H}\} = \frac{\partial \rho}{\partial q}\frac{\partial \mathcal{H}}{\partial p} - \frac{\partial \rho}{\partial p}\frac{\partial \mathcal{H}}{\partial q}$$

Desse modo, podemos escrever a equação diferencial:

Equação 2.33

$$\frac{d\rho}{dt} = \{\rho, \mathcal{H}\} + \frac{\partial \rho}{\partial t}$$

Uma análise física se faz necessária nesse ponto. Cada ponto do espaço de fase se conserva, ou seja, estes pontos que representam os sistemas físicos não podem ser criados ou destruídos. Assim, como consequência, teremos uma equação de conservação, o que nos leva à relação:

Equação 2.34

$$\oint \vec{J} \cdot d\vec{S} = -\frac{d}{dt}\int \rho \, dV$$

É importante destacar que a integral do lado esquerdo é uma hipersuperfície *S* fechada que engloba o hipervolume *V*. O fluxo da densidade dos pontos é dado por $\vec{J} = \rho\vec{v}$, em que o vetor velocidade é a velocidade generalizada.

Podemos utilizar a lei de Gauss, que relaciona a integral de superfície com a integral de volume, e trazer uma importante relação:

Equação 2.35

$$\vec{\nabla} \cdot \left(\rho\vec{v}\right) = -\frac{\partial \rho}{\partial t}$$

Assim, é possível explicitar o divergente na equação (2.35), que apresenta a forma $\vec{\nabla} = \left(\frac{\partial}{\partial q}, \frac{\partial}{\partial p}\right)$, e demonstrar:

Equação 2.36

$$\frac{\partial}{\partial q}\left(\rho\dot{q}\right) + \frac{\partial}{\partial q}\left(\rho\dot{p}\right) = -\frac{\partial \rho}{\partial t}$$

Com o uso das equações de Hamilton, obtemos a seguinte igualdade:

Equação 2.37

$$\frac{\partial}{\partial q}\dot{q} + \frac{\partial}{\partial p}\dot{p} = \frac{\partial}{\partial q}\frac{\partial \mathcal{H}}{\partial p} - \frac{\partial}{\partial p}\frac{\partial \mathcal{H}}{\partial q}$$

Nesse caso, podemos escrever a equação (2.36) como:

Equação 2.38

$$\frac{\partial \rho}{\partial q}\dot{q} + \frac{\partial \rho}{\partial p}\dot{p} = \{\rho, \mathcal{H}\} = -\frac{\partial \rho}{\partial t}$$

Se compararmos a equação (2.36) com a (2.38), concluímos:

Equação 2.39

$$\frac{d\rho}{dt} = 0$$

Para que essa identidade seja verdadeira, o valor da densidade ρ deve ser constante. Esse resultado é conhecido como *teorema de Liouville*.

Podemos concluir, com base no teorema de Liouville, que a densidade de partículas é uma constante. Esse fato tem uma série de aplicações em física para sistemas fora do equilíbrio. Em geral, em uma situação de equilíbrio, ou seja, uma situação estacionária, temos:

Equação 2.40

$$\frac{\partial \rho}{\partial t} = 0 \rightarrow \{\rho, \mathcal{H}\} = 0$$

Dessa forma, é possível considerar que a função ρ = ρ(q, p) só deve depender das coordenadas generalizadas q e p, por intermédio de uma função hamiltoniana $\mathcal{H}(q, p)$. Veremos, logo mais, que esse é o plano de fundo para o postulado fundamental da mecânica estatística.

Agora, expliquemos a hipótese ergódica. Como sabemos, quando estamos no laboratório e desejamos realizar a média temporal de uma determinada quantidade *f*, realizamos o seguinte procedimento: tomamos a média dos vários valores de *f* em um determinado tempo τ. Nesse caso, definimos o valor médio dessa grandeza como:

Equação 2.41

$$\langle f \rangle_{lab} = \lim_{\tau \to 0} \frac{1}{\tau} \int_0^\tau f(t) dt$$

A hipótese ergódica consiste em considerar esse mesmo resultado. No equilíbrio, ele pode ser obtido por intermédio de uma média no espaço de fase:

Equação 2.42

$$\langle f \rangle_{est} = \frac{\int f(q, p) \rho(q, p) dq dp}{\int \rho(q, p) dp dq}$$

Nessa situação, o *ensemble* é formado por todos os microestados acessíveis do sistema e, assim, a média temporal é substituída por uma média que leva em conta o *ensemble* estatístico. Para essa formulação, consideramos o *ensemble* uma cópia do sistema macroscópico. Nesse caso, ele deve passar por todos os pontos do *ensemble*, justificando a substituição da média temporal por uma média instantânea nos *ensembles*.

Com essas afirmações, estamos aptos a enunciar o postulado fundamental da mecânica estatística em equilíbrio, comumente conhecido como *postulado das probabilidades iguais a priori* (Reichl, 1998): em todo sistema estatístico fechado e com a energia fixa, todos os microestados acessíveis são igualmente equiprováveis.

Podemos concluir, com base nesse postulado, que, na verdade, não sabemos como se configuram os estados microscópicos do sistema, mas apenas consideramos que eles, *a priori*, são iguais. Desse modo, se considerarmos o caso clássico, a densidade ρ deve ser constante na região acessível ao sistema, de maneira que seja possível construir a densidade normalizada de acordo com $\rho = \begin{cases} \frac{1}{\Omega} & \text{para } E \leq H(q,p) \leq E + \delta E. \\ 0 \end{cases}$

Pela mecânica quântica, um sistema é caracterizado por meio de uma função de onda ψ, que podemos expandir em termos de um conjunto completo de autofunções $\{\varphi_n\}$. Essas funções são ortonormalizadas, ou seja, são normalizadas e ortogonais de um dado operador $\hat{O}$.

Nesse caso, a mecânica quântica nos fornece a equação de autovalores:

Equação 2.43

$$\hat{O}\psi_n = o_n\psi_n$$

Em (2.43), ψ_n é um conjunto ortonormalizado de autofunções e o_n nada mais é do que o autovalor correspondente a ψ_n.

Como estamos vendo, os conceitos matemáticos que são base para o estudo das quantidades quânticas provêm da álgebra linear. Desse modo, podemos, ainda, fazer uso de outra propriedade e escrever a função de onda como uma combinação linear das autofunções:

Equação 2.44

$$\psi = c_n\psi_n$$

Quando realizamos, na mecânica quântica, a medição de uma grandeza qualquer o, podemos reproduzir um valor o_k. Nesse caso, o sistema quântico torna-se ψ_k.

? O que é?

Na mecânica quântica, uma **função de onda** é, na verdade, a representação do quem vem a ser uma partícula nesta abordagem. Perceba que essa definição difere em muito da noção clássica de partícula, até mesmo pelo próprio nome, uma vez que, na mecânica quântica, uma partícula tem uma surpreendente característica de dualidade, comportando-se ora como onda, ora como partícula, com as propriedades clássicas (Greiner; Neise; Stöcker, 1997).

Além disso, os fenômenos da mecânica quântica caracterizam-se pelo fato de não determinarmos com certeza o valor de o_k, mas sim a probabilidade de $|c_k|^2$ de obtê-lo. Se generalizarmos para a situação em que temos um grande número de sistemas devidamente definidos nos estados ψ, podemos obter uma distribuição de valores da grandeza física o, de modo que o valor médio dessa grandeza e o valor esperado serão, por definição, dados por:

Equação 2.45

$$\left\langle \psi \left| \hat{O} \right| \psi \right\rangle = \sum_{m,n} c_m^* c_n \left\langle \psi_m \left| \hat{O} \right| \psi_n \right\rangle$$

Perceba que, até aqui, nosso conhecimento dessas propriedades se baseou puramente no ponto de vista da mecânica quântica, que, *a priori*, ainda não fornece nenhuma informação a respeito do estado microscópico do sistema do ponto de vista estatístico.

2.5 Especificação de um estado microscópico do sistema

Chegamos ao ponto de aplicarmos os conhecimentos até aqui discutidos e termos nosso primeiro contato, de fato, com sistemas físicos do ponto de vista da mecânica estatística. Primeiramente, trataremos dos sistemas quânticos, uma vez que tivemos contato com algumas de suas propriedades na seção anterior.

2.5.1 Sistemas quânticos

Como sabemos, na mecânica quântica, todo estado estacionário é definido pela função de onda vista em (2.32). Para os valores fixos de energia, teremos a seguinte equação de autovalores:

Equação 2.46

$$\mathcal{H}\varphi_n = E_n\varphi_n$$

Nesse caso, $\mathcal{H}$ é o operador hamiltoniano e E_n são os autovalores de energia do respectivo operador. Os autoestados φ_n do hamiltoniano fornecem o meio de encontrar os microestados do sistema. Vejamos, agora, alguns exemplos de sistemas quânticos.

Sistema de *N* partículas localizadas de *spin* 1/2

Como sabemos, para uma partícula de *spin* 1/2 existem dois autoestados definidos:

Equação 2.47

$$\alpha = \begin{pmatrix} 1 \\ 0 \end{pmatrix}$$

e

Equação 2.48

$$\beta = \begin{pmatrix} 1 \\ 0 \end{pmatrix}$$

Essas situações representam, respectivamente, as situações de *spin* para cima (↑) e *spin* para baixo (↓). Assim, o hamiltoniano para uma partícula, na presença de um campo magnético $\vec{H}$, é:

Equação 2.49

$$\mathcal{H} = -\vec{\mu} \cdot \vec{H} = -\mu_z H = \begin{cases} +\mu_0 H \text{ com } spin \uparrow \\ -\mu_0 H \text{ com } spin \downarrow \end{cases}$$

em que μ_z é a projeção do momento magnético sobre o eixo z ao longo do campo magnético, que pode assumir os valores $+\mu_0$ e $-\mu_0 H$.

Como há um conjunto de N partículas não interagentes localizadas com essas propriedades, o hamiltoniano é dado pela soma:

Equação 2.50

$$\mathcal{H} = -\sum_{j=1}^{N} \vec{\mu}_j \cdot \vec{H} = -\mu_0 H \sum_{j=1}^{N} \sigma_j$$

A quantidade σ_j designa o conjunto das variáveis de *spin*. Nesse caso, cada uma dessas variáveis pode assumir os valores ±1. Qualquer valor de j estabelece cada microestado do sistema.

Para saber mais

SIMULAÇÕES INTERATIVAS. **Phet**. Disponível em: <https://phet.colorado.edu/pt_BR/simulations/filter?subjects=quantum-phenomena&type=html&sort=alpha&view=grid>. Acesso em: 18 out. 2021.

Nesse *link*, filtramos simulações do Phet relacionadas a fenômenos quânticos, incluindo dois que foram fundamentais para a formulação da estrutura atômica da matéria.

Considerando a energia fixa E do sistema, concluímos que este apresenta um grande estado de degenerescência. Desse modo, a energia pode ser escrita em termos do número de *spins* para cima, que vamos denominar N_1, e o número de *spin* para baixo, $N_2 = N - N_1$, em que N é o número total de *spin*. Dessa maneira, obtemos a energia total dada por:

Equação 2.51

$$E = -\mu_0 H N_1 + \mu_0 H (N - N_1)$$

Assim, é possível explicitar o número de partículas com *spin* para cima e *spin* para baixo de acordo com:

Equação 2.52

$$N_1 = \frac{1}{2}\left(N - \frac{E}{\mu_0 H}\right)$$

e

Equação 2.53

$$N_2 = N - N_1 = \frac{1}{2}\left(N + \frac{E}{\mu_0 H}\right)$$

Como a energia é uma função apenas de N_1 e N_2, podemos utilizar os resultados obtidos do problema do caminho aleatório e determinar os estados acessíveis ao sistema como:

Equação 2.54

$$\Omega(E, N) = \frac{N!}{N_1! N_2!} = \frac{N!}{\left[\frac{1}{2}\left(N - \frac{E}{\mu_0 H}\right)\right]! \left[\frac{1}{2}\left(N + \frac{E}{\mu_0 H}\right)\right]!}$$

No Capítulo 3 detalharemos o *ensemble* microcanônico e explicitaremos a conexão com a termodinâmica que se estabelece por meio da função entropia.

Exercício resolvido

Como indicamos, para um conjunto de *N* partículas não interagentes de *spin* 1/2, os estados acessíveis do sistema são definidos pela equação (2.50), cuja hamiltoniana é obtida por meio da equação (2.49). Considere, agora, que temos um sistema constituído por três partículas indistinguíveis e não interagentes de *spin* 1/2. Nessa configuração, a hamiltoniana que descreve essas partículas é:

a) $\mathcal{H} = -\mu_1 H - \mu_2 H - \mu_3 H$.

b) $\mathcal{H} = -\mu_1 H - \mu_2 H$.

c) $\mathcal{H} = -\sigma_1 H - \sigma_2 H - \sigma_3 H$.

d) $\mathcal{H} = H - \mu_2 H - \mu_3 H.$

e) $\mathcal{H} = \mu_1 H + \mu_2 H + \mu_3 H.$

Gabarito: a

Feedback do exercício: Como sabemos, a hamiltoniana para o sistema com *N* partículas é descrita pela equação (2.38). Para três partículas em particular, a somatória que aparece nela é desmembrada para apenas três situações e os momentos magnéticos são rotulados de acordo com as três partículas, tal que $\mathcal{H} = -\mu_1 H - \mu_2 H - \mu_3 H.$

Conjunto de *N* osciladores harmônicos localizados e não interagentes

Um dos sistemas com maior aplicação na mecânica quântica é, sem dúvida, o oscilador harmônico. Aqui, consideremos que os osciladores estão com a mesma frequência ω.

Uma das motivações para o desenvolvimento da análise desse tipo de sistema foi explicar a variação do calor específico dos sólidos. Esse modelo foi proposto por Einstein e ficou conhecido como *sólido de Einstein* (Huang, 2001). Nessa configuração, as autoenergias para o sistema de osciladores são definidas como:

$$E_{n_1 \ldots n_N} = \left(n_1 + \frac{1}{2}\right)\hbar\omega + \ldots \left(n_N + \frac{1}{2}\right)\hbar\omega$$

Ou, ainda,

Equação 2.55

$$E_{n_1 \ldots n_N} = \left(n_1 + \ldots + n_N + \frac{1}{2} \right) \hbar\omega$$

Nesse caso, o autoestado é definido pelo conjunto de números quânticos ($n_1, \ldots n_N$), com $j = 0, 1, 2, 3,\ldots$ Considerando o total de quanta de energia como $M = n_1 + \ldots + n_N$, a energia pode ser reescrita como sendo:

Equação 2.56

$$E_{n_1 \ldots n_N} = M\hbar\omega + \frac{N}{2}\hbar\omega$$

A degenerescência dos autoestados pode ser encontrada de acordo com o número de maneiras que podemos distribuir $M = \dfrac{E}{\hbar\omega} - \dfrac{N}{2}$ quanta de energia entre o total de osciladores localizados.

Para facilitar a compreensão dessa situação, é possível traçar um paralelo com a análise combinatória e comparar essa situação com o cálculo da distribuição de *M* bolas idênticas dentro de *N* caixas dispostas ao longo de uma certa direção. Essa situação da combinatória se encontra ilustrada na Figura 2.3, a seguir.

Figura 2.3 – Distribuição de *M* bolas idênticas dentro de *N* caixas

••• |•• ••| • |............| ••

Fonte: Salinas, 2008, p. 45.

Percebemos que, na primeira caixa, temos três bolas, na segunda, quatro, e assim segue a distribuição. Nesse caso, se desejarmos descobrir todas as possíveis combinações, precisamos calcular todas as possíveis permutações M + N − 1, o que seria equivalente a contar as bolas dentro das divisórias que definem as caixas. No final, dividimos o número total por M!. Assim, com base nessa comparação, o número de microestados acessíveis ao sistema com energia *E* é:

Equação 2.57

$$\Omega(E, N) = \frac{(M+N-1)!}{M!(N-1)!} = \frac{\left(\frac{E}{\hbar\omega} + \frac{N}{2} - 1\right)!}{\left(\frac{E}{\hbar\omega} - \frac{N}{2}\right)!(N-1)!}$$

Exercício resolvido

Afirmamos anteriormente que a determinação dos microestados acessíveis para um sistema de *N* osciladores configura-se no que chamamos de *sólido de Einstein*. Esse sistema conta com diversas aplicações na física do estado sólido, por exemplo. Considere

um sistema constituído de apenas dois osciladores harmônicos que são localizados e não interagentes.
A energia desse sistema será dada por:

a) $E = (n_1 - n_2 + 1)\hbar\omega$.

b) $E = (n_1 - n_2 - 1)\hbar\omega$.

c) $E = (n_1 + n_2 + 1)\hbar\omega$.

d) $E = (-n_1 + n_2 + 1)\hbar\omega$.

e) $E = (n_1 + n_2 - 1)\hbar\omega$.

Gabarito: c

***Feedback* do exercício**: Aqui, há uma situação similar àquela do sistema de *spin* ½. O hamiltoniano pode ser somado para esse sistema de dois osciladores, de modo que:

$$\mathcal{H} = \mathcal{H}_1 + \mathcal{H}_2$$

Sendo assim, a energia também é somável, de maneira que o sistema de dois osciladores apresenta a seguinte energia:

$$E = \left(n_1 + \frac{1}{2}\right)\hbar\omega + \left(n_2 + \frac{1}{2}\right)\hbar\omega$$

ou seja,

$$E = (n_1 + n_2 + 1)\hbar\omega$$

Sistema de N partículas livres e não interagentes de massa m em uma dimensão, dentro de uma caixa de comprimento L

Um dos problemas fundamentais da mecânica quântica consiste em determinar os autovalores de energia de uma partícula livre dentro de uma caixa de comprimento L. Como temos três dimensões, a partícula deve satisfazer as seguintes condições: $0 \leq x_1 \leq L$, $0 \leq x_2 \leq L$... $0 \leq x_n \leq L$. É válido destacar, aqui, que o potencial é nulo dentro da caixa e infinito fora dela. A hamiltoniana do sistema é definida de tal modo que:

Equação 2.58

$$\mathcal{H} = \frac{1}{2m} \sum_{j=1}^{N} p_j^2$$

Pela primeira quantização, teremos ainda que:

Equação 2.59

$$\mathcal{H} = -\frac{\hbar^2}{2m} \sum_{j=1}^{N} \frac{d^2}{dx_j^2}$$

Nessa situação, a equação de Schrödinger apresenta-se de acordo com:

Equação 2.60

$$-\frac{\hbar^2}{2m} \sum_{j=1}^{N} \frac{d^2}{dx_j^2} \Phi(x_1, \ldots, x_n) = E\Phi(x_1, \ldots, x_n)$$

Como sabemos, as autofunções $\phi(x)$ podem ser expressas em termos de $\varphi_k = C\exp(ikx)$. A energia é dada por:

Equação 2.61

$$E = E_{k1}, \ldots, E_{kN} = \frac{\hbar^2}{2m}\left(k_1^2 + \ldots + k_1^2\right)$$

Pelas condições de contorno, os números de onda são respectivamente determinados por:

Equação 2.62

$$k_1 = n_1 \frac{2\pi}{L}, \ldots, k_N = n_N \frac{2\pi}{L}$$

Os valores de *n* que aparecem nessas expressões são números inteiros. Nesse caso, os microestados do sistema são especificados pelo conjunto de números quânticos de onda.

É válido destacar que as funções de onda nesse estado devem ser simétricas para bósons e antissimétricas para férmions, sempre de acordo com as possíveis permutações das variáveis de posição.

Exercício resolvido

Um dos problemas mais fundamentais da teoria quântica da matéria consiste em determinar os possíveis valores de energia para uma partícula que se encontra dentro de uma caixa de potencial de comprimento *L*. Esse processo se dá por meio da resolução da equação de Schrödinger, que pode ser unidimensional ou com mais dimensões. Nesse caso, para uma única partícula em uma caixa, os valores das possíveis energia são dadas por:

a) $E = \dfrac{\hbar^2 k^2}{2m}$

b) $E = -\dfrac{\hbar^2 k^2}{2m}$

c) $E = \dfrac{\hbar^4 k^2}{2m}$

d) $E = \dfrac{\hbar^2 k^4}{2m}$

e) $E = \dfrac{\hbar^2 k^2}{4m}$

Gabarito: a

Feedback do exercício: Para determinar os estados de energia para uma partícula presa dentro de uma caixa, precisamos resolver a equação de Schrödinger para uma única partícula. Assim, a equação (2.59) deve ser simplificada, para o caso $-\dfrac{\hbar^2}{2m}\dfrac{d^2\varphi(x)}{dx^2} = E\varphi(x)$.

Diante disso, sua solução fornece autofunções definidas como:

$$\varphi(x) = A\,\operatorname{sen} kx + B\cos kx$$

Com as condições de contorno, determina-se as constantes. Assim, é possível mostrar que as energias possíveis para esse sistema são definidas como:

$$E = \dfrac{\hbar^2 k^2}{2m}$$

2.5.2 Sistemas clássicos

A partir deste ponto, vamos investigar alguns exemplos de determinação de microestados do sistema do ponto de vista da mecânica clássica.

Como se sabe, em todo sistema clássico (mecânico) com n graus de liberdade, o estado do sistema fica completamente determinado quando se especifica suas coordenadas generalizadas q_n e seus respectivos momentos generalizados p_n. Por exemplo, se estamos no espaço euclidiano, para que tenhamos completa informação sobre os estados do sistema, precisamos conhecer as 3N coordenadas de posição e as 3N coordenadas de momento.

Podemos introduzir o espaço de fase formado por 2_n eixos. Dessa forma, cada estado microscópico do sistema será representado por um único ponto desse espaço de fase. O Gráfico 2.2, a seguir, mostra um ponto qualquer no espaço de fase e sua possível trajetória.

Gráfico 2.2 – Ponto no espaço de fase e sua respectiva trajetória

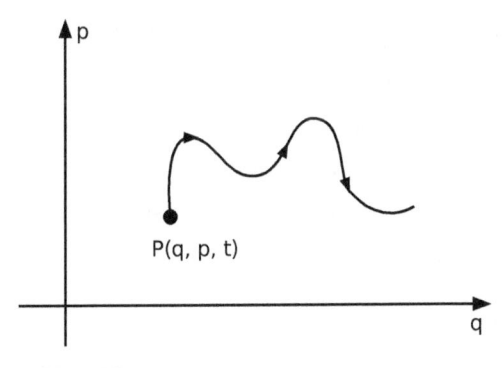

Fonte: Salinas, 2008, p. 53.

Perceba que temos associado ao ponto o instante de tempo *t*. Nesse caso, os estados acessíveis do sistema podem ser representados por todos os pontos compatíveis com as condições iniciais macroscópicas, como energia e volume. Na Figura 2.4, a seguir, vemos uma generalização para o espaço de fase do ponto de vista de uma pequena região.

Figura 2.4 – Subdivisão do espaço de fase

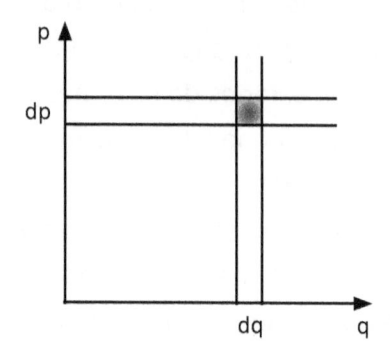

Fonte: Greiner; Neise; Stöcker, 1997, p. 125.

A Figura 2.4 indica a região acessível em destaque para o espaço de fase.

Como há um número muito grande de pontos do espaço de fase, é natural usarmos a função densidade de partículas $\rho(q, p)$ de modo que a quantidade $\rho dqdp$ descreva o número de microestados com as coordenadas generalizadas. Vejamos, agora, dois exemplos de sistemas clássicos.

Partícula livre de massa m dentro de uma caixa com comprimento L e energia E

Como sabemos, cada partícula tem energia dada por $E = \frac{p^2}{2m}$. Assim, o momento de cada uma será definido por:

Equação 2.63

$$p = \pm\sqrt{2mE}$$

Na Figura 2.5, é possível verificar o espaço de fase associado a esse sistema.

Figura 2.5 – Espaço de fase para uma partícula com energia definida

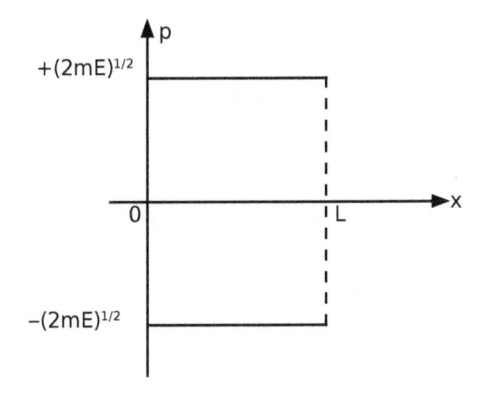

[Gráfico: eixo p vertical, eixo x horizontal; retângulo de 0 a L em x, com $+(2mE)^{1/2}$ e $-(2mE)^{1/2}$ em p]

Fonte: Salinas, 2008, p. 49.

Mesmo o espaço de fase sendo bidimensional, a região em que se encontram os pontos acessíveis são unidimensionais. Isso, de certa forma, gera alguns desconfortos na identificação dessas regiões. Para

contornar esse problema, podemos considerar a energia
E fixa (perceba que, até aqui, não estamos alterando
em nada o estado inicial), mas que agora pode variar
dentro de um intervalo E e E + δE, em que a quantidade
δE é uma grandeza macroscopicamente pequena e, no
entanto, assim como a energia, apresenta um valor fixo.

Nessa situação, é viável, portanto, definir o momento
dentro desse intervalo, tal que $\delta p = \sqrt{\dfrac{m}{2e}}\delta E$. Nesse caso,
o volume do espaço acessível é:

Equação 2.64

$$\Omega(E, L, \delta E) = 2L\delta p = \left(\dfrac{2m}{E}\right)^2 L\delta E$$

A Figura 2.6, a seguir, indica essa nova região.
Observe como a região acessível, em destaque, fica mais
evidente.

Figura 2.6 – Regiões acessíveis para a partícula clássica

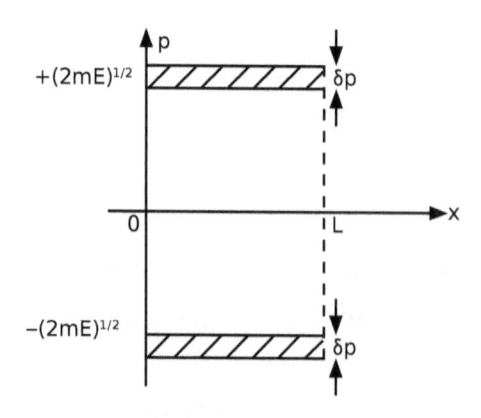

Fonte: Salinas, 2008, p. 50.

Veremos, mais adiante, que o postulado fundamental da mecânica estatística leva à conclusão de que a densidade dos pontos é constante e se anula em uma região localizada fora dela.

Uma melhor ampliação para a variação da energia pode ser vista na Figura 2.7 e consiste, na verdade, nos pontos do espaço de fase que fazem parte dessa região

Figura 2.7 – Ampliação da região com energia acessível

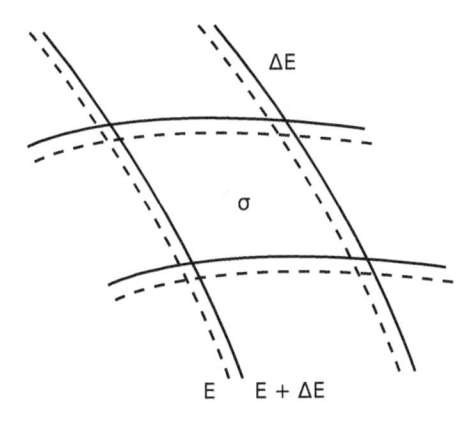

Fonte: Greiner; Neise; Stöcker, 1997, p. 127.

Oscilador harmônico unidimensional

Agora, analisaremos mais uma vez o oscilador harmônico, porém de uma perspectiva da mecânica clássica. Nessa configuração, a hamiltoniana do sistema é definida como:

Equação 2.65

$$\mathcal{H} = \frac{p^2}{2m} + \frac{1}{2}kq^2$$

em que *m* é a massa do corpo e *k* é a constante elástica.

Assim, para estabelecer os estados acessíveis desse sistema, consideremos o oscilado com uma energia definida *E*, que pode, também, variar entre *E* e *E* + δE, como no caso do exemplo anterior.

Dessa maneira, os pontos do espaço acessível definem uma elipse:

Equação 2.66

$$\frac{p^2}{2mE} + \frac{q^2}{\frac{2E}{k}} = 1$$

A região acessível é o que chamamos de *coroa elíptica*, que pode ser observada na Figura 2.8.

Figura 2.8 – Região acessível para o oscilador

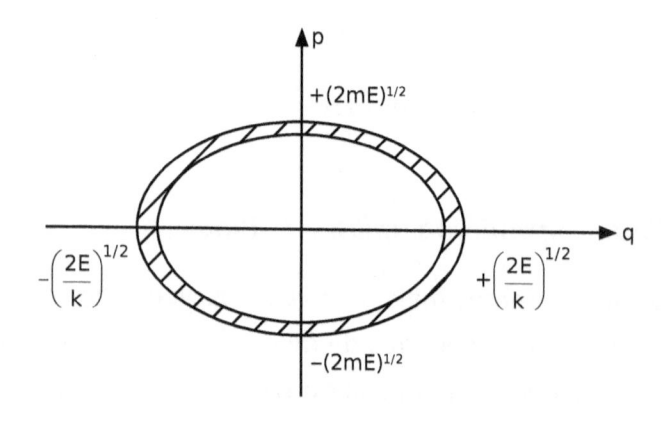

Fonte: Salinas, 2008, p. 51.

Na Figura 2.8, a região acessível corresponde à área hachurada, cujo valor é calculado da seguinte forma:

Equação 2.67

$$\Omega(E, \delta E) = 2\pi \left(\frac{m}{k}\right)^{\frac{1}{2}} \delta E$$

A equação (2.67) representa os estados acessíveis para o sistema.

Síntese

- Os métodos estatísticos, em conjunto com a teoria das probabilidades, fornecem o suporte matemático fundamental para o estudo da mecânica estatística.
- As duas principais quantidades que envolvem essa análise são o desvio padrão e o valor médio em uma distribuição contínua ou discreta.
- O desvio padrão tem grande importância, pois indica o quanto os valores de uma determinada amostra se distanciam do valor médio da quantidade.
- Muito embora consideremos as variáveis contínuas como sendo aquelas que se encontram dentro de um intervalo, do ponto de vista microscópico, essa quantidade apresenta um valor muito grande.
- A hipótese ergódica nos conduz diretamente ao que chamamos de *postulado fundamental da mecânica estatística*, ou *postulado das probabilidades iguais a priori*, segundo o qual, em dado instante,

todos os possíveis microestados do sistema são equiprováveis.
- O teorema de Liouville fornece o aparato matemático para o postulado fundamental.
- Os sistemas de maior interesse, do ponto de vista da mecânica quântica, foram determinados neste capítulo: o oscilador harmônico, a partícula em uma caixa e as partículas de *spin* 1/2.
- O espaço de fase para sistemas clássicos ficaram completamente especificados por meio das coordenadas generalizadas e dos respectivos momentos generalizados.

Ensemble microcanônico

3

Podemos considerar o *ensemble* microcanônico como a porta de entrada para o estudo das propriedades térmicas dos sistemas físicos em nível microscópico, ou seja, da mecânica estatística. Ele, em um primeiro momento, torna mais evidente a utilização do postulado fundamental da mecânica estatística (o postulado das probabilidades iguais *a priori*) e serve como base para estudos posteriores, como *ensemble* canônico e *ensemble* grande canônico.

Abordaremos, ao longo deste capítulo, uma série de aplicações que nos ajudarão a compreender melhor muitos dos fenômenos que estávamos acostumados a investigar sob a óptica puramente macroscópica. Isso nos leva, de certo modo, um uma nova compreensão da própria estrutura da matéria. Como exemplos, podemos citar a lei de Curie para o paramagnetismo, amplamente verificada nos mais diversos experimentos, e o gás de Boltzmann, que nos remete a um período anterior ao de Planck, sendo este considerado um precursor da visão discreta para os valores de energia de um sistema físico.

3.1 Estatística de entropia e *ensemble* microcanônico

Concluímos dos capítulos anteriores que o equilíbrio termodinâmico pode ser considerado o estado em que dois sistemas apresentam as mesmas propriedades térmicas. Esse conceito vale tanto para o nível macroscópico quanto para o nível microscópico (Greiner; Neise; Stöcker, 1997). Agora, vamos analisar mais de perto essa propriedade do ponto de vista microscópico, uma vez que temos em mãos o postulado das probabilidades iguais *a priori*.

Considere um sistema fechado constituído de dois sistemas menores com as variáveis de estado E, V e N. A Figura 3.1, a seguir, representa esses sistemas que, *a priori*, estão isolados.

Figura 3.1 – Dois sistemas termodinâmicos isolados

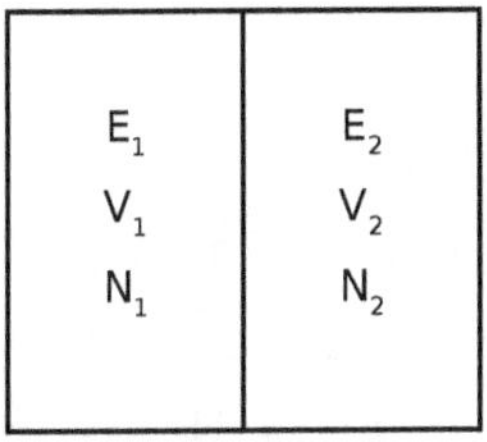

E_1	E_2
V_1	V_2
N_1	N_2

Fonte: Greiner; Neise; Stöcker, 1997, p. 127.

Na Figura 3.1, vemos os dois sistemas com suas respectivas variáveis: E_1, V_1 e N_1 para o primeiro e E_2, V_2 e N_2 para o segundo. Como o sistema é fechado, devemos sempre considerar o fato de que as quantidades termodinâmicas são constantes:

Equação 3.1

$$E = E_1 + E_2 = \text{Constante}$$

Equação 3.2

$$N = N_1 + N_2 = \text{Constante}$$

Equação 3.3

$$V = V_1 + V_2 = \text{Constante}$$

Essas considerações nos levam a um importante resultado, pois, tomando a diferencial das equações anteriores, teremos sempre: $dE_1 = -dE_2$, $dV_1 = -dV_2$ e $dN_1 = -dN_2$, ou seja, os sistemas menores podem trocar partículas e energia e mudar a configuração do volume, desde que essas quantidades totais sejam preservadas no sistema completo.

No estado de equilíbrio, essas quantidades devem assumir algum valor médio. Podemos investigar esse fato se considerarmos que o total de microestados do sistema é definido por $\Omega(E, V, N)$. Assim, como há dois microssistemas, o número de microestados é definido como o produto:

Equação 3.4

$$\Omega(E, V, N) = \Omega_1(E_1, V_1, N_1)\, \Omega_1(E_2, V_2, N_2)$$

O estado mais provável, ou seja, o que podemos considerar o estado de equilíbrio, ocorre quando o número de microestados atinge o valor máximo, ou seja:

Equação 3.5

$$\Omega = \Omega_{max}$$

Podemos considerar, ainda, esse estado definido como o ponto em que $d\Omega = 0$. Nesse caso, tomando a diferencial da equação (3.4), obtemos:

Equação 3.6

$$d\Omega = \Omega_2 d\Omega_1 + \Omega_1 d\Omega_2$$

Dividindo a equação (3.6) pela equação (3.4), chegamos à seguinte relação:

Equação 3.7

$$d \ln \Omega = d \ln \Omega_1 + d \ln \Omega_1$$

Da condição de equilíbrio, verificamos que $d \ln \Omega = 0$ e $\ln \Omega = \Omega_{max}$.

Voltemos nossa atenção para um contexto puramente do ponto de vista termodinâmico. Como verificamos em capítulos anteriores, a energia interna de um sistema está relacionada com a energia total *E* e a entropia *S* por meio da seguinte relação:

Equação 3.8

$$S(E, V, N) = S_1(E_1, V_1, N_1) + S_1(E_2, V_2, N_2)$$

Nesse caso, afirmamos que o sistema maior é constituído de dois sistemas menores. Seguindo a mesma ideia, tomando a diferencial total, ficamos com:

Equação 3.9

$$dS = dS_1 + dS_2$$

Portanto, o estado de equilíbrio ocorre quando a entropia é máxima. Nesse sentido, $dS = 0$ e $S = S_{max}$. Neste ponto, devemos voltar nossa atenção a uma importante análise: comparando a equação (3.7) com a equação (3.9) e considerando, ainda, a condição de equilíbrio para o número de estados e para a entropia, concluímos que existe uma analogia entre ambos. Dessa forma, podemos definir a entropia como:

Equação 3.10

$$S(E, V, N) = k \ln \Omega(E, V, N)$$

em que *k* é uma constante conhecida como *constante de Boltzmann*.

De maneira resumida, a distribuição de probabilidade que maximiza a entropia e nos leva a uma condição em que todos os microestados são equiprováveis corresponde àquilo que denominamos *ensemble microcanônico*.

O que é?

De maneira geral (independente de se ter um sistema físico), um *ensemble* pode ser considerado um sistema particular ou um subconjunto, de um sistema ou conjunto maior, cujas características (as propriedades quaisquer) sejam aquelas de todo o conjunto. Esse conceito justifica a análise do estudo das propriedades térmicas em nível microscópico (*ensembles* estatísticos), uma vez que definimos um sistema microscópico como uma parte menor ou um subconjunto de um sistema maior, macroscópico.

O resultado da equação (3.10) é considerado o segundo postulado da mecânica estatística e tem grande importância, pois permite encontrarmos a conexão com a termodinâmica. Em capítulos posteriores, verificaremos que usamos essa relação também para outros *ensembles*.

Perguntas & respostas

Qual relação é direta entre o *ensemble* microcanônico e a entropia?

A relação direta estabelece-se pela contagem dos microestados acessíveis de um determinado sistema físico por meio da equação (3.10), que tem um importante significado para esses ramos de estudo da física.

Podemos afirmar que a equação (3.10) é a mais fundamental relação da mecânica estatística, porque, por meio dela, é possível determinar todas as quantidades de interesse. Uma vez que conhecemos os potencias termodinâmicos, como indicamos no Capítulo 1, podemos enxergar quantidades como:

Equação 3.11

$$\frac{1}{T} = \left(\frac{\partial S}{\partial E}\right)_{V,N} \quad \frac{p}{T} = \left(\frac{\partial S}{\partial E}\right)_{E,N} \quad \frac{\mu}{T} = -\left(\frac{\partial S}{\partial E}\right)_{V,E}$$

De maneira geral, a forma de Ω fornece a base para a teoria do *ensemble*. Isso porque se trata de uma ligação direta entre o número de microestados do sistema e uma variável de estado.

3.2 Troca de energia entre dois sistemas

De acordo com o postulado fundamental da mecânica estatística, em um sistema isolado e em equilíbrio, todos os estados acessíveis do sistema são igualmente prováveis. No Capítulo 1, observamos as condições de equilíbrio em termos da função entropia; agora, faremos uma análise similar, porém sob a ótica do *ensemble* microcanônico, em que a maximização da entropia leva ao número de microestados do sistema. Observe a Figura 3.1, a seguir, que é similar à Figura 1.2, no entanto, estamos definindo agora a energia E de cada sistema.

Figura 3.2 – Dois fluidos separados por uma parede adiabática

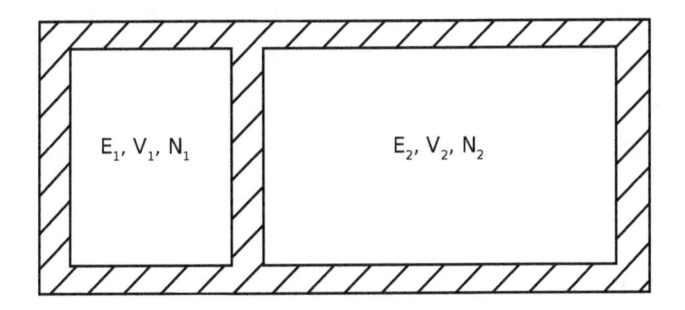

Fonte: Salinas, 2008, p. 90.

Consideremos que a parede é adiabática, ou seja, não permite troca de energia com o exterior nem entre os dois sistemas, e que o número de microestados acessíveis ao sistema 1 é dado por $\Omega_1(E_1, V_1, N_1)$ e ao sistema 2, $\Omega_1(E_2, V_2, N_2)$. Dessa maneira, é possível assumir que o número de microestados para o sistema completo consiste em:

Equação 3.12

$$\Omega = \Omega_1(E_1, V_1, N_1)\, \Omega_1(E_2, V_2, N_2)$$

Por um instante, vamos supor que a parede adiabática que separa os dois sistemas seja removida. Nesse caso, a energia total do sistema permanece constante, no entanto, as energias entre os dois sistemas podem variar à vontade, de maneira que $E_1 + E_2 = E_0$, sendo E_0 a energia total, que permanece constante. Aqui, consideramos que os demais parâmetros macroscópicos permanecem constantes, como o volume e o número de partículas (abordaremos a variação dessas outras quantidades ao tratarmos do equilíbrio termodinâmico).

Assim, desprezando os parâmetros constantes, podemos escrever o número de microestados em função apenas da energia, particularmente da energia do sistema 1 e da energia total. Considerando $E_2 = E_0 - E_1$, obtemos:

Equação 3.13

$$\Omega(E_1; E_0) = \Omega_1(E_1)\Omega_2(E_0 - E_1)$$

Nesse caso, o postulado fundamental da mecânica estatística mostra que a probabilidade de encontrarmos o sistema total em um dado estado microscópico no qual a energia dos sistemas menores seja dada por E_1 e $E_2 = E_0 - E_1$ é:

Equação 3.14

$$P(E_1) = c\Omega(E_1; E_0)$$

Ou seja, explicitamente, temos:

Equação 3.15

$$P(E_1) = c\Omega(E_1)\Omega_2(E_0 - E_1)$$

A constante *c* é definida como o inverso do número total de microestados acessíveis ao sistema composto ou total, portanto,

Equação 3.16

$$\frac{1}{c} = \Omega_c = \sum_{E_1=0}^{E_0} \Omega_1(E_1)\Omega_2(E_0 - E_1)$$

Uma observação faz-se necessária neste ponto. Toda a análise feita até aqui diz respeito a variáveis discretas, no entanto, uma generalização para variáveis contínuas também é possível.

De maneira geral, o valor de Ω_c deve crescer com o aumento da energia, isto é, deve surgir um número maior de microestados disponíveis em proporção ao aumento da energia. Assim, concluímos que o valor de $\Omega_1(E_1)$ cresce ao passo que o valor de $\Omega_2(E_0 - E_1)$ decresce com a energia E_1. Diante disso, a função de probabilidade $P(E_1)$ deve aumentar até atingir um valor máximo. Considerando o logaritmo da função de probabilidade, constatamos:

Equação 3.17

$$f(E_1) = \ln P(E_1) = \ln c + \ln \Omega_1(E_1) + \ln \Omega_1(E_0 - E_1)$$

Ademais, obtemos a probabilidade máxima quando a seguinte relação é satisfeita:

Equação 3.18

$$\frac{\partial \ln P(E_1)}{\partial E_1} = \frac{\partial \ln \Omega_1(E_1)}{\partial E_1} - \frac{\partial \ln \Omega_2(E_2)}{\partial E_2} = 0$$

Usando a definição descrita pela equação (3.10), chegamos à seguinte relação:

Equação 3.19

$$\frac{\partial S_1}{\partial E_1} - \frac{\partial S_2}{\partial E_2} = 0$$

Isso nos leva diretamente à relação em termos da temperatura:

Equação 3.20

$$\frac{1}{T_1} - \frac{1}{T_2} = 0$$

É fácil demonstrar que esse resultado nos encaminha diretamente à condição de equilíbrio, tal que:

Equação 3.21

$$T_1 = T_2$$

Portanto, a maximização da probabilidade leva à maximização da entropia, indicando que os dois sistemas se encontram em equilíbrio térmico.

Podemos realizar a mesma análise considerando que a parede que separa os sistemas na Figura 3.2 é diatérmica e móvel, ou seja, permite que também o volume possa variar – desde que o volume total siga constante –, permanecendo fixo apenas o número de partículas. Nesse caso, o sistema total é definido por meio da energia total $E_1 + E_2 = E_0$ e do volume total $V_1 + V_2 = V_0$.

Nesse caso, quando os sistemas atingem o equilíbrio, devemos ter a seguinte relação:

Equação 3.22

$$\Omega(E_1, V_1; E_0, V_0) = \Omega_1(E_1, V_1)\Omega_2(E_0 - E_1, V_0 - V_1)$$

Perceba que a equação (3.22) é análoga à (3.13), diferindo somente pelo fato de, agora, compreender o volume. Não consideramos de forma explícita o número de partículas, uma vez que essa quantidade permanece constante. Seguindo a mesma linha de raciocínio dos passos anteriores, constatamos que a probabilidade nessa configuração é, portanto:

Equação 3.23

$$P(E_1, V_1) = c\Omega(E_1, V_1)\Omega_2(E_0 - E_1, V_0 - V_1)$$

Da mesma forma, o fator constante *c* é definido como:

Equação 3.24

$$\frac{1}{c} = \Omega_C = \sum_{E_1=0}^{E_0}\sum_{E_1=0}^{E_0}\Omega(E_1, V_1)\Omega_2(E_0 - E_1, V_0 - V_1)$$

Assim, maximizando a probabilidade, obtemos:

Equação 3.25

$$\frac{\partial \ln P(E_1, V_1)}{\partial E_1} = \frac{\partial \ln \Omega(E_1, V_1)}{\partial E_1} - \frac{\partial \ln \Omega_2(E_0 - E_1, V_0 - V_1)}{\partial E_2} = 0$$

Essa maximização da probabilidade leva ao que podemos chamar de *estado de equilíbrio termodinâmico*. Assim, com base em (3.25), teremos as seguintes condições:

Equação 3.26

$$\frac{1}{T_1} = \frac{1}{T_2} \text{ e } \frac{p_1}{T_1} = \frac{p_2}{T_2}$$

Em suma, $T_1 = T_2$ e $p_1 = p_2$. Com essas duas equações, podemos obter todas as equações da termodinâmica de equilíbrio, considerando o que chamamos de *limite termodinâmico*. De acordo com essa condição, se tivermos um sistema grande o suficiente, as flutuações em torno do equilíbrio serão pequenas. Desse modo, torna-se possível identificar os valores médios com as grandezas definidas pela termodinâmica sob a óptica macroscópica (Huang, 2001).

Sistema de partículas com dois níveis de energia

Com todas as informações até aqui discutidas, estamos aptos a desenvolver uma aplicação para um sistema físico definido, o chamado *sistema de partículas com dois níveis de energia*. Esse sistema consiste em um conjunto de N partículas não interagentes que podem ser encontradas em dois níveis de energia, 0 ou ε, tal que $\varepsilon > 0$. É claro que estamos simplificando de forma drástica uma situação real, uma vez que, nessa configuração, as partículas interagem entre si.

Para especificar os microestados do sistema, devemos especificar a energia de cada partícula – de certo modo, podemos considerar essa situação como aquela em que temos um modelo combinatório de N partículas de *spin 1/2*, no Capítulo 2. Aqui, consideremos que N_1 seja o número de partículas com energia 0 e $N_2 = N - N_1$, o número de partículas com energia $\varepsilon > 0$. Desse modo, o número de microestados acessíveis ao sistema é definido por:

Equação 3.27

$$\Omega = \frac{N!}{N_1!(N-N_1)!}$$

É possível expressar a equação (3.27) em termos da energia total do sistema, que pode ser compreendida como $E = \varepsilon(N - N_1)$:

Equação 3.28

$$\Omega(E, N) = \frac{N!}{\left(N-\frac{E}{\varepsilon}\right)!\left(\frac{E}{\varepsilon}\right)!}$$

Para determinar a entropia, utilizamos a chamada *expansão de Stirling*, o que nos conduz a:

Equação 3.29

$$\ln\Omega(E, N) = N\ln N - \left(N-\frac{E}{\varepsilon}\right)\ln\left(N-\frac{E}{\varepsilon}\right) - \frac{E}{\varepsilon}\ln\left(\frac{E}{\varepsilon}\right) + \ldots$$

Agora, apliquemos o limite termodinâmico. Considerando que, nesse limite, a energia E e o número de partículas N tendem ao infinito, ficamos com a chamada *densidade de energia* $\frac{E}{N} = u$ como um valor constante. Dessa forma, obtemos, por meio das equações (3.29) e (3.10), a seguinte expressão:

Equação 3.30

$$s(u) = \ln\frac{1}{N}k_B \ln\Omega(E,N) = -k_B\left(1-\frac{u}{\varepsilon}\right)\ln\left(1-\frac{u}{\varepsilon}\right) - k_B\frac{u}{\varepsilon}\ln\left(\frac{u}{\varepsilon}\right)$$

Para compreendermos melhor esse resultado, podemos analisar o gráfico da entropia pela densidade de energia representado a seguir.

Gráfico 3.1 – Entropia pela densidade de energia

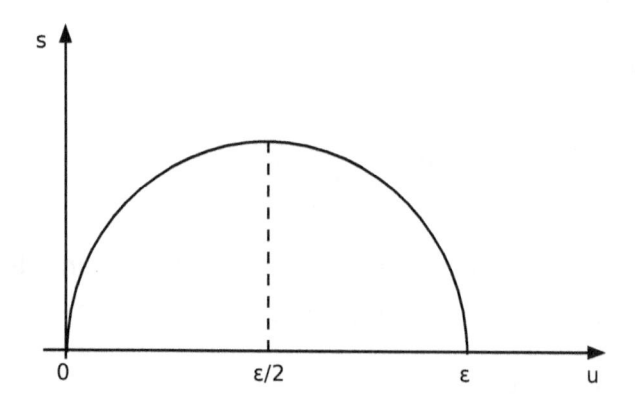

Fonte: Salinas, 2008, p. 105.

É possível observar, pelo Gráfico 3.1, que a entropia é uma função côncava da energia. Para a situação em que u = 0, a entropia deve ser nula, uma vez que todas as partículas se encontram no estado fundamental com energia nula. Perceba também que a entropia atinge o seu valor máximo para s = $\frac{\varepsilon}{2}$, situação em que há uma energia infinita; somente nesse ponto as partículas teriam dois níveis praticamente idênticos de energia, com metade das partículas em cada nível específico.

Um fato curioso chama a atenção. Poderíamos perguntar: O que acontece, então, quando a energia tem um valor maior do que u > $\frac{\varepsilon}{2}$? Nesse caso, teríamos uma situação não física, uma vez que haveria valores negativos da temperatura e, consequentemente, da entropia.

Vejamos, agora, a equação de estado nessa configuração. Na representação da entropia, temos:

Equação 3.31

$$\frac{1}{T} = \frac{\partial s}{\partial u} = \frac{k_B}{\varepsilon}\left[\ln\left(1 - \frac{u}{\varepsilon}\right) - \ln\frac{u}{\varepsilon}\right]$$

Tomando a derivada segunda, ficamos com o seguinte resultado:

Equação 3.32

$$\frac{\partial^2 s}{\partial u^2} = -\frac{k_B}{u(\varepsilon - u)}$$

A análise da derivada segunda da função entropia é de grande importância, na medida em que nos mostra a concavidade da função, justificando o que pode ser observado no Gráfico 3.1, ou seja, ela é côncava para valores de u tais que $0 \leq u \leq \varepsilon$. Assim, por meio da equação de estado para a entropia, é possível encontrar uma expressão para a energia do sistema em termos da temperatura:

Equação 3.33

$$u = \frac{\varepsilon e^{-\beta\varepsilon}}{1 + e^{-\beta\varepsilon}}$$

em que $\beta = \dfrac{1}{k_B T}$.

Essa expressão traz à tona uma interpretação probabilística que se tornará mais clara quando, no próximo capítulo, estudarmos o *ensemble* canônico.

Assim, para uma dada partícula isolada, teremos as duas probabilidades definidas como:

Equação 3.34

$$P_1 = \frac{1}{1 + e^{-\beta\varepsilon}} \quad \text{e} \quad P_2 = \frac{e^{-\beta\varepsilon}}{1 + e^{-\beta\varepsilon}}$$

Na verdade, essas são as probabilidades de que os dois níveis, com energia nula ou com energia positiva, estejam ocupados. Essas expressões são comumente conhecidas como *fatores de Boltzmann*, que definem a probabilidade de ocupação para um sistema de partículas não interagentes e a uma determinada temperatura fixa e finita.

O Gráfico 3.2 esquematiza a relação da energia u com a temperatura T.

Gráfico 3.2 – Energia por partícula pela temperatura

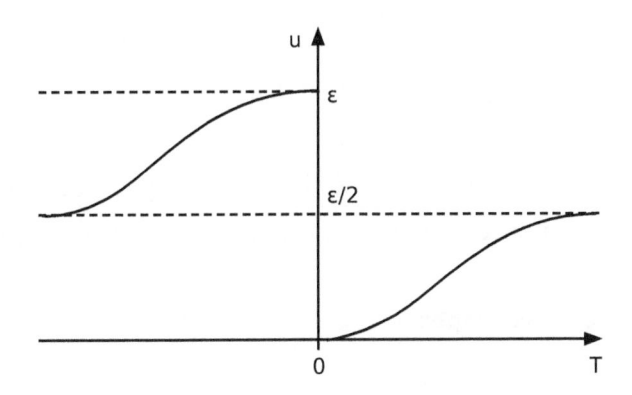

Fonte: Salinas, 2008, p. 107.

Se considerarmos que $P_1 \geq P_2$ e tomarmos a temperatura tendendo ao infinito, a energia varia entre o valor nulo, que representa o estado fundamental, e o valor máximo, que ocorre justamente em $\frac{\varepsilon}{2}$, ponto em que os dois níveis de energia estão ocupados.

O calor específico é obtido diretamente pela equação (3.33), uma vez que, por definição, ele é determinado como:

Equação 3.35

$$c = \frac{\partial u}{\partial T}$$

Isso nos fornece, para esse sistema, o seguinte resultado:

Equação 3.36

$$c = k_B (\beta\varepsilon)^2 \frac{e^{-\beta\varepsilon}}{\left(1 + e^{-\beta\varepsilon}\right)^2}$$

Observe, a seguir, o gráfico do calor específico pela temperatura para o sistema de dois níveis (Gráfico 3.3).

Gráfico 3.3 – Calor específico *versus* a temperatura

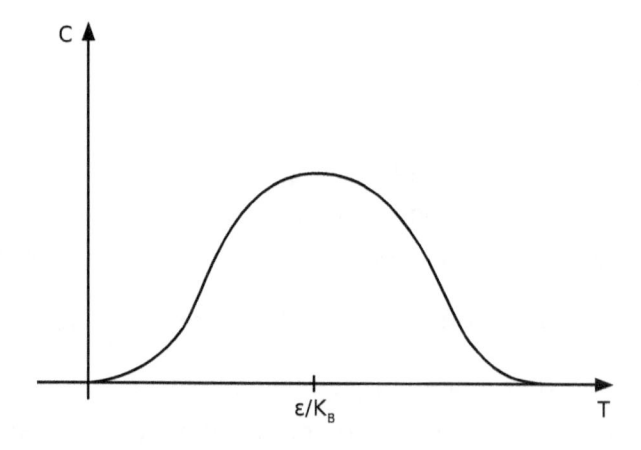

Fonte: Salinas, 2008, p. 107.

Perceba, pelo Gráfico 3.3, que o calor específico tende a zero no limite de altas e baixas temperaturas. Nesse sentido, existe um valor máximo para uma temperatura da ordem de $\frac{\varepsilon}{k_B}$. Trata-se do chamado *efeito Schottky*, caracterizado por evidenciar que existem sistemas em que partículas podem ocupar apenas alguns níveis discretos de energia.

3.3 Gás ideal clássico

Vamos investigar, agora, um sistema de grande interesse e bastante usado na termodinâmica de equilíbrio: o gás ideal monoatômico clássico. Esse sistema consiste em um conjunto de *N* partículas não interagentes. Sua hamiltoniana é descrita por:

Equação 3.37

$$\mathcal{H} = \sum_{i=1}^{N} \frac{1}{2m}\vec{p}^{\,2} + \sum_{i<j} V\left(\left|\vec{r}_i - \vec{r}_j\right|\right)$$

O potencial *V* dessa equação (3.37) deve-se aos pares e apresenta uma região densa que não permite a penetrabilidade da matéria. Como estamos interessados no caso de um gás ideal, podemos desprezar esse potencial, de modo que a hamiltoniana se resume apenas à parte cinética, isto é, ao primeiro somatório. Consideremos que as partículas têm massa *m* e se encontram dentro de certo volume *V* com energia entre E e E + δE.

Como o gás se encontra dentro de um volume, as coordenadas da posição das partículas variam de forma ativa. Cada componente das coordenadas de momento pode assumir valores entre $-\infty$ e $+\infty$, com apenas a restrição dos valores da energia. Nesse caso, o volume do espaço de fase é dado por:

Equação 3.38

$$\Omega_n(R; \delta R) = C_n R^{n-1} \delta R$$

Aqui, C_n é uma constante e uma função apenas da dimensão *n*. Como nesse caso $n = 3N$ e $R = (2mE)^{1/2}$ o número de microestados é dado por:

Equação 3.39

$$\Omega_n(E, V, N; \delta E) = \left(\frac{m}{2}\right)^{1/2} C_{3N} (2m)^{\frac{3N}{2}-\frac{1}{2}} V^N E^{\frac{3N}{2}-1} \delta E$$

No limite termodinâmico, temos $\frac{E}{N} = u$ e $\frac{V}{N} = v$, tal que, usando mais uma vez a expansão de Stirling, chegamos a:

Equação 3.40

$$\frac{1}{N} \ln \Omega_n(E, V, N; \delta E) =$$
$$= \left(\frac{3}{2} - \frac{1}{N}\right) \ln u + \ln v + \left(\frac{3}{2} - \frac{1}{N}\right) \ln 2m + \frac{1}{N} \ln C_{3N} + \ln N +$$
$$+ \left(\frac{3}{2} - \frac{1}{N}\right) \ln n + \frac{1}{2N} \ln \left(\frac{m}{2}\right) + \frac{1}{N} \ln \delta E$$

É importante destacar que o último termo tende a zero nesse limite, uma vez que δE é uma quantidade pequena e fixa. Assim, nesse limite, recuperamos a entropia do gás ideal monoatômico:

Equação 3.41

$$s(u, v) = \ln \frac{1}{N} k_B \ln \Omega_n (E, V, N; \delta E) = \frac{3}{2} k_B \ln u + k_B \ln v + s_0$$

em que o termo s_0 é uma constante.

Munidos dessa equação, podemos determinar as equações de estado na representação da entropia:

Equação 3.42

$$\frac{1}{T} = \frac{\partial s}{\partial u} = \frac{3k_B}{2u}$$

e

Equação 3.43

$$\frac{p}{T} = \frac{\partial s}{\partial u} = \frac{k_B}{v}$$

Essas equações podem ser reescritas como:

Equação 3.44

$$u = \frac{3}{2} k_B \quad e \quad pv = k_B T$$

Exercício resolvido

Se observarmos bem, as equações vistas em (3.44) refletem nas bem conhecidas energia interna e lei geral dos gases perfeitos, com exceção do fator do número de partículas N. Considere a seguinte situação: um gás ideal monoatômico, a uma pressão $p = 3 \times 10^{-4}$ Pa, dentro de um volume de 5×10^{-3} m³. Determine a temperatura em que se encontra esse gás:

a) $T = 2,2875 \times 10^{17}$ K.
b) $T = 2,2875 \times 10^{15}$ K.
c) $T = 2,2875 \times 10^{14}$ K.
d) $T = 2,2875 \times 10^{18}$ K.
e) $T = 2,2875 \times 10^{19}$ K.

Considere: $k_B = 1,380649 \times 10^{-23}$ J·K⁻¹.

Gabarito: a

Feedback do exercício: Podemos determinar a temperatura do gás por substituição direta na equação geral dos gases ideais (3.44):

$$T = \frac{pv}{1,380649 \times 10^{-23}}$$

Nesse caso, obtemos o seguinte resultado

$$T = 2,2875 \times 10^{17} \text{ K}$$

Se analisarmos do ponto de vista da mecânica clássica, não é possível determinar a constante s_0, uma vez que as coordenadas do espaço de fase não são unívocas. A função conhecida como *função entropia* deve ter uma dependência em relação ao número total de partículas N que podem ser vistas no fator C_{3N}.

Para saber mais

GASES: Introdução. **Phet**. Disponível em: <https://phet.colorado.edu/pt_BR/simulations/gases-intro>. Acesso em: 18 out. 2021.

A melhor forma de investigar as propriedades dos gases é, sem dúvida, dentro do laboratório, onde podemos realizar as devidas experiências. Entretanto, uma forma interativa e mais prática é por meio de simulações computacionais, como a disponível no *link* sugerido.

Note que não seria necessária a aplicação do limite termodinâmico para a determinação das equações de estado para um gás ideal, pois, tomando a equação (3.39), podemos escrever de forma clara a seguinte relação:

Equação 3.45

$$S(E, V, N; \delta E) = k_B \ln \Omega_n (E, V, N; \delta E) = \frac{3}{2} k_B N \ln E + k_B N \ln V + f(N; \delta E)$$

em que $f(N; \delta E)$ é expressa em termos de N e δE.

Isso nos leva diretamente às famosas equações de estado estudadas na termodinâmica de equilíbrio:

Equação 3.46

$$\frac{1}{T} = \frac{\partial s}{\partial E} = \frac{3k_B N}{2E}$$

e

Equação 3.47

$$\frac{p}{T} = \frac{\partial s}{\partial u} = \frac{k_B N}{V}$$

O que ainda nos mostra:

Equação 3.48

$$E = \frac{3N}{2} k_B T \quad e \quad pV = N k_B T$$

Na próxima subseção, analisaremos um exemplo de aplicação desse sistema. No caso, ele será modificado para um nível de energia mais elevado e com altas temperaturas, conhecido como *limite ultrarrelativístico*.

3.3.1 Gás clássico ultrarrelativístico

O sistema do gás clássico ultrarrelativístico consiste em um gás com N partículas sem massa (não interagentes) e energia fixa ε, que, de acordo com a mecânica relativística, é dada por:

Equação 3.49

$$\varepsilon = \left(p^2 c^2 + m^2 c^4 \right)^{1/2}$$

Para o caso em que m = 0:

Equação 3.50

$$\varepsilon = |\vec{p}|c$$

Para uma partícula com m ≠ 0, $\varepsilon \gg mc^2$, ou seja, um cenário de altíssimas energias ou altíssimas temperaturas. Assim, a hamiltoniana para esse sistema é definida como:

Equação 3.51

$$\mathcal{H} = \sum_{v=1}^{N} \left(p_{v,x}^2 + p_{v,y}^2 + p_{v,z}^2\right)^{1/2}$$

No espaço cartesiano, o volume do espaço de fase é definido em termos das variáveis usuais, conforme a Figura 3.3.

Figura 3.3 – Volume para o espaço de fase

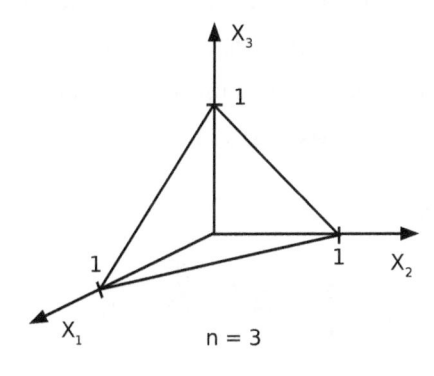

Fonte: Greiner; Neise; Stöcker, 1997, p. 155.

A demonstração para o número de estados acessíveis ao sistema (que nos mostra a entropia) demanda muitos passos e considerações que, de certa forma, extrapolam os objetivos deste material. Assim, podemos apenas considerar seu resultado:

Equação 3.52

$$S(E, V, N) = k_B \ln\left\{\frac{V^N}{N!}\left(\frac{2\sqrt{3}}{hc}\right)^{-3N}\frac{E^{3N}}{(3N!)}\right\}$$

Usando algumas propriedades logarítmicas e a expansão de Stirling, chegamos a:

Equação 3.53

$$S(E, V, N) = Nk_B\left[4 + \ln\left\{\frac{V}{N}\left(\frac{2E}{\sqrt{3}Nhc}\right)^3\right\}\right]$$

Assim como fizemos no caso anterior, munidos dessa equação, podemos determinar as equações de estado para o sistema. Assim, na representação da entropia, as equações de estado para um gás no regime ultrarrelativístico são expressas como:

Equação 3.54

$$\frac{1}{T} = \frac{\partial s}{\partial E} = \frac{3k_B N}{E} \rightarrow E = 3Nk_B T$$

Para a energia e a pressão, temos:

Equação 3.55

$$\frac{p}{T} = \frac{\partial s}{\partial V} = \frac{k_B N}{V} \to pV = Nk_B T$$

Perceba que, para o caso ultrarrelativístico, não há modificação em relação à pressão, trata-se do mesmo resultado visto em (3.48).

3.4 Paramagneto ideal

Nesta seção, analisaremos, mais uma vez, as propriedades das partículas de *spin* 1/2. Com essa análise, detalharemos de forma clara a famosa lei de Curie para o paramagnetismo.

O sistema consiste em *N* partículas localizadas de *spin* 1/2 que se encontram na presença de um campo magnético. Abordamos um sistema como esse no capítulo anterior. Nesse caso, define-se a hamiltoniana do sistema como:

Equação 3.56

$$\mathcal{H} = -\mu_0 H \sum_{j=1}^{N} \sigma_j$$

em que o conjunto das variáveis de *spin* definem os microestados do sistema.

Anteriormente, também realizamos a contagem dos microestados do sistema e verificamos que:

Equação 3.57

$$\Omega(E,N) = \frac{N!}{\left[\frac{1}{2}\left(N - \frac{E}{\mu_0 H}\right)\right]! \left[\frac{1}{2}\left(N + \frac{E}{\mu_0 H}\right)\right]!}$$

Nesse caso, obtemos:

Equação 3.58

$$\ln\Omega(E,N) = \ln N! - \ln\left[\frac{1}{2}\left(N - \frac{E}{\mu_0 H}\right)\right]! - \ln\left[\frac{1}{2}\left(N + \frac{E}{\mu_0 H}\right)\right]!$$

No limite termodinâmico, a expansão de Stirling fornece como resultado:

Equação 3.59

$$\ln\Omega(E,N) = N\ln N - \frac{1}{2}\left(N - \frac{E}{\mu_0 H}\right)\ln\left[\frac{1}{2}\left(N - \frac{E}{\mu_0 H}\right)\right] -$$
$$- \frac{1}{2}\left(N + \frac{E}{\mu_0 H}\right)\ln\left[\frac{1}{2}\left(N + \frac{E}{\mu_0 H}\right)\right]$$

É válido destacar que, nessa expansão, verificamos também termos de ordem mais elevada, que podem ser desprezados. Desse modo, obtemos:

Equação 3.60

$$\lim_{\substack{E;N\to\infty \\ \frac{E}{N}=u}} \frac{1}{N} \ln\Omega(E,N) = \ln 2 - \frac{1}{2}\left(N - \frac{E}{\mu_0 H}\right)\ln\left[\frac{1}{2}\left(N - \frac{E}{\mu_0 H}\right)\right] - \frac{1}{2}\left(N + \frac{E}{\mu_0 H}\right)\ln\left[\frac{1}{2}\left(N + \frac{E}{\mu_0 H}\right)\right]$$

Portanto, a entropia do sistema no limite termodinâmico é definida como:

Equação 3.61

$$s(u) = k_B \ln 2 - \frac{1}{2}\left(N - \frac{E}{\mu_0 H}\right)\ln\left[\frac{1}{2}\left(N - \frac{E}{\mu_0 H}\right)\right] - \frac{1}{2}\left(N + \frac{E}{\mu_0 H}\right)\ln\left[\frac{1}{2}\left(N + \frac{E}{\mu_0 H}\right)\right]$$

Como sabemos, é com base nessa expressão que podemos obter todas as equações de estado de interesse para o sistema de partículas de *spin* 1/2. Por exemplo, a temperatura é dada por:

Equação 3.62

$$\frac{1}{T} = \frac{\partial s}{\partial E} = \frac{k_B}{2\mu_0}\ln\left(1 - \frac{u}{\mu_0 H}\right) - \frac{k_B}{2\mu_0}\ln\left(1 + \frac{u}{\mu_0 H}\right)$$

Podemos observar o comportamento da entropia pela energia de partícula no Gráfico 3.4.

Gráfico 3.4 – Entropia *versus* a densidade de energia

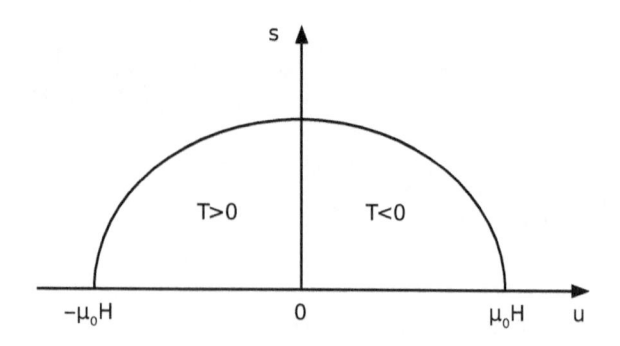

```
              S ▲
                │
          ╱─────┼─────╲
        ╱       │       ╲
       │  T>0   │   T<0   │
       │        │         │
    ───┼────────┼─────────┼──▶
     −μ₀H       0        μ₀H   u
```

Fonte: Salinas, 2008, p. 100.

De acordo com o Gráfico 3.4, mais uma vez podemos perceber que a entropia é uma função côncava da densidade de energia, bem como que a região física (aquela que corresponde a temperaturas positivas) ocorre somente quando u < 0. Para valores da densidade em que u = $-\mu_0 H$, todos os *spins* das partículas devem encontrar-se alinhados com o campo. Somente nesse ponto, há um único microestado acessível ao sistema e a entropia deve ser nula.

No ponto em que u = 0, a entropia do sistema é máxima, metade dos *spins* estão orientados para cima e a outra metade, para baixo. Se invertermos a equação de estado na representação da entropia, é possível obtermos a expressão para a densidade de energia do paramagneto ideal em função da temperatura:

Equação 3.63

$$u = -\mu_0 H \tanh\left(\frac{\mu_0 H}{k_B T}\right)$$

Como pontuamos no capítulo anterior, a energia do sistema de partículas de *spin* 1/2 que representa as duas possíveis orientações do *spin* pode ser escrita na forma:

Equação 3.64

$$E = -\mu_0 H N_1 + \mu_0 H N_2$$

Nesse caso, N_1 e N_2 são os números de partículas com *spin* para cima e *spin* para baixo, respectivamente. Aqui, definimos a magnetização por partícula:

Equação 3.65

$$m = \frac{M}{N} = \frac{\mu_0 N_1 - \mu_0 N_2}{N}$$

Por meio da equação (3.64), podemos chegar à relação:

Equação 3.66

$$u = Hm$$

Com isso, torna-se possível obter a famosa equação de estado para a paramagnetização de um paramagneto ideal:

Equação 3.67

$$m = \mu_0 \tanh\left(\frac{\mu_0 H}{k_B T}\right)$$

Podemos traçar um gráfico da magnetização por partícula *versus* o campo magnético em unidades de $\frac{k_B T}{\mu_0}$ (Gráfico 3.5).

Gráfico 3.5 – Magnetização por partícula *versus* campo aplicado

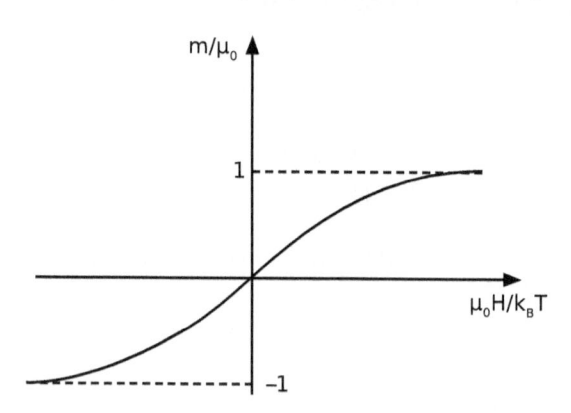

Fonte: Salinas, 2008, p. 101.

Perceba que, para $\mu_0 H \gg k_B T$, ou seja, quando tivermos uma situação com altíssimos campos magnéticos e baixas temperaturas, o sistema fica saturado. Já para $\mu_0 H \ll k_B T$, a magnetização varia linearmente com o campo. Podemos obter a equação de estado para a magnetização m = m(H, T), que permite determinar a suscetibilidade magnética, quantidade análoga à compressibilidade isotérmica em fluidos:

Equação 3.68

$$\chi(T,H) = \left(\frac{\partial m}{\partial H}\right)_T$$

Usando a equação (3.67), encontramos o seguinte resultado:

Equação 3.69

$$\chi(T,H) = \frac{\mu_0^2}{K_B T}\cosh^{-2}\left(\frac{\mu_0 H}{k_B T}\right)$$

Para o caso em que o campo magnético é nulo, ou seja, H = 0, encontramos a seguinte relação:

Equação 3.70

$$\chi_0(T) = \frac{C}{T}$$

A constante $C = \frac{\mu_0^2}{k_B}$ é conhecida como *constante de Curie*.

A equação (3.70) é conhecida como a *lei de Curie para o paramagnetismo*, que é verificada experimentalmente para grande parte dos sais paramagnéticos.

Para saber mais

NOGUEIRA, S. Marie Curie, a polonesa mais brilhante da história. **Superinteressante**, 2 mar. 2018. Disponível: <https://super.abril.com.br/historia/marie-curie-a-polonesa-mais-brilhante-do-mundo/>. Acesso em: 19 out. 2021.

Marie Skłodowska-Curie foi uma física e química polonesa, a única mulher laureada com dois Prêmios Nobel dentro do mesmo campo científico: o Nobel de física, em 1903, e o de química, em 1911. No artigo sugerido, é possível conhecer um pouco mais sobre essa importante cientista.

Também podemos determinar o calor específico para o paramagneto, que, por definição, se apresenta como $c = \left(\dfrac{\partial E}{\partial T}\right)_{H,N}$. A determinação do calor específico envolve algumas considerações matemáticas, como a famosa função de Langevin (Huang, 2001). Por essa razão, vamos apenas demonstrar seu comportamento obtido experimentalmente e representado no Gráfico 3.6.

Gráfico 3.6 – Calor específico para um paramagneto

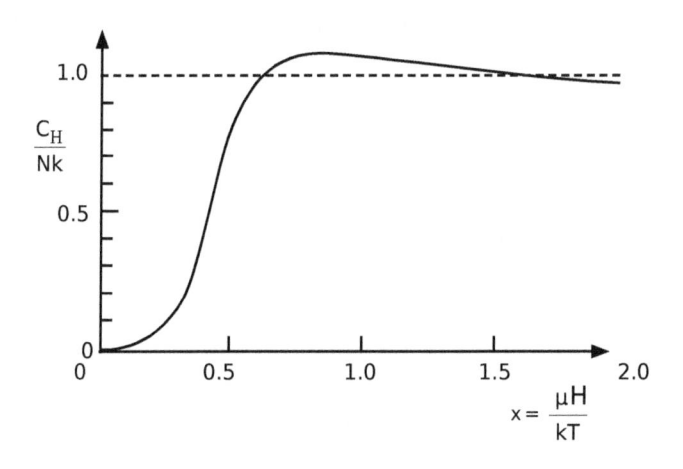

[Gráfico: eixo vertical $\frac{C_H}{Nk}$ de 0 a 1.0; eixo horizontal $x = \frac{\mu H}{kT}$ de 0 a 2.0; a curva sobe sigmoidalmente, ultrapassa levemente 1.0 próximo de $x \approx 0.8$ e decresce suavemente em direção a 1.0.]

Fonte: Greiner; Neise; Stöcker, 1997, p. 217.

Perceba, por meio do Gráfico 3.6, que o comportamento do calor específico é interessante: para altas temperaturas, a energia se aproxima de zero, ou seja, $E \approx 0$.

Exercício resolvido

A lei de Curie para o paramagnetismo é aplicada das mais variadas formas. Entre elas, podemos citar os supercondutores, por exemplo. Por meio da equação (3.70), é possível determinar a suscetibilidade magnética. Perceba que ela é proporcional à constante de Curie e inversamente proporcional à temperatura. Assim, trata-se de uma função exclusiva da temperatura do sistema. Nesse caso, para um sistema composto por certo material magnético, a uma temperatura de 50 K e com campo magnético nulo, a suscetibilidade magnética será:

a) $\chi_0 = 2,2875 \times 10^{10}$.

b) $\chi_0 = 2,2875 \times 10^{8}$.

c) $\chi_0 = 2,2875 \times 10^{9}$.

d) $\chi_0 = 2,2875 \times 10^{11}$.

e) $\chi_0 = 2,2875 \times 10^{12}$.

Considere: $k_B = 1,380649 \times 10^{-23}$ J·K^{-1} e $\mu_0 = 4\pi \times 10^7$

Gabarito: c

***Feedback* do exercício**: Para obtermos a suscetibilidade magnética, devemos realizar uma substituição direta dos valores da constante de Boltzmann, do valor da permeabilidade magnética no vácuo e do valor da temperatura:

$$\chi_0(T) = \frac{\left(4\pi \times 10^7\right)^2}{1,380649 \cdot 10^{-23} \times 50}$$

Desse modo, obtemos o seguinte resultado:

$$\chi_0 = 2,2875 \times 10^9$$

3.5 Gás de Boltzmann

Encerramos nosso capítulo com aquele que pode ser considerado o precursor da ideia de um sistema físico com níveis discretos de energia. Ele antecede o trabalho de Planck, porém não tem uma aplicação, pois reproduz apenas certos resultados físicos, sendo chamado comumente de *modelo de "brinquedo"*.

No capítulo anterior, fizemos uma aplicação para o sistema de dois níveis de energia, que nos auxiliará no desenvolvimento das propriedades do gás de Boltzmann. A principal ideia de Boltzmann foi considerar um modelo em que as partículas poderiam ser determinadas com um conjunto discreto de energia $\{\varepsilon_j; j = 1, 2, 3, ...\}$. A ligação com o sistema de dois níveis ocorre porque ele é considerado um caso particular, com energia $\varepsilon_1 = 0$ e $\varepsilon_2 = \varepsilon > 0$.

Nesse caso, o microestado do gás de Boltzmann é estabelecido quando se fornece a energia de cada partícula. Nesse sentido, definiremos o que chamamos de *estado de ocupação {N_j}*, em que N_1 designa o número de partículas com energia ε_1 e N_2, o número de partículas com energia ε_2 e assim sucessivamente. Nesse caso, por meio do conjunto de números de ocupação *{N_j}*, da energia total do sistema *E* e do número de partículas N, definimos o número total de microestados acessíveis ao sistema como:

Equação 3.71

$$\Omega(\{N_j\}; E, N) = \frac{N!}{N_1! \, N_2! \, N_3! \, ...}$$

Devemos levar em consideração as seguintes restrições para esse sistema:

Equação 3.72

$$N = \sum_j N_j$$

e

Equação 3.73

$$E = \sum_j \varepsilon_j N_j$$

Podemos, com essas restrições, determinar que a probabilidade, nessas condições, é proporcional a $\Omega(\{N_j\}; E, N)$. Portanto, para obtermos o número de ocupações, devemos maximizar $\Omega(\{N_j\}; E, N)$ com respeito ao conjunto de estados de ocupação, desde que sejam válidas as restrições em (3.72) e (3.73). Esse procedimento é feito por meio do método dos multiplicadores de Lagrange (Salinas, 2008) λ_1 e λ_2:

Equação 3.74

$$f(\{N_j\}, \lambda_1, \lambda_2) = \ln \Omega(\{N_j\}; E, N) + \lambda_1 \left(N - \sum_j N_j \right) + \lambda_2 \left(E - \sum_j \varepsilon_j N_j \right)$$

A extremização dos multiplicadores de Lagrange na equação (3.74) nos conduz novamente às relações (3.72) e (3.73). Usando a expansão de Stirling, podemos escrever a função vista em (3.74) como:

Equação 3.75

$$\frac{\partial f}{\partial N_k} = -\ln N_k - \lambda_1 - \lambda_2 \varepsilon_k$$

Resolvendo (3.75) de modo a eliminar o multiplicador λ_1 de Lagrange, encontramos a seguinte relação:

Equação 3.76

$$\frac{N_k}{N} = \frac{\exp(-\lambda_2 \varepsilon_k)}{Z_1}$$

A quantidade Z_1 que aparece na equação (3.76) é o fator de normalização e pode ser visto como:

Equação 3.77

$$Z_1 = \sum_j \exp(-\lambda_2 \varepsilon_j)$$

O termo antes da igualdade em (3.76) pode ser considerado um fator de Boltzmann, que, por sua vez, pode, eventualmente, ser interpretado como uma probabilidade de ocupação para o nível de energia ε_k. Percebemos que o multiplicador de Lagrange deve ser inversamente proporcional à temperatura. Esse termo pode ser determinado considerando que a energia total para o sistema é dada pela equação clássica:

Equação 3.78

$$E = \sum_k \varepsilon_k N_k = \frac{\sum_k \varepsilon_k \exp(-\lambda_2 \varepsilon_k)}{\sum_k \exp(-\lambda_2 \varepsilon_k)} = \frac{3}{2} N k_B T$$

De uma forma ainda mais compacta, podemos ter:

Equação 3.79

$$-\frac{\partial}{\partial \lambda_2}\ln Z_1 = \frac{3}{2}k_B T$$

No limite do contínuo, quando a energia que assume valores discretos passa a apresentar valores contínuos, ou seja,

Equação 3.80

$$\varepsilon_k \to \frac{1}{2}mv^2$$

o fator e a normalização poderá ser visto como:

Equação 3.81

$$Z_1 \to \int d^3\vec{v}\exp\left(-\lambda_2 \frac{1}{2}m\vec{v}^2\right) = \left(\frac{2\pi}{\lambda_2 m}\right)^{3/2}$$

Assim, podemos definir o segundo multiplicador de Lagrange por meio das equações (3.81) e (3.79), obtendo a seguinte definição:

Equação 3.82

$$\lambda_2 = \frac{1}{k_B T}$$

No próximo capítulo, dedicado ao *ensemble* canônico, discutiremos sistemas mais completos e, de certa forma, mais complexos.

Síntese

- Podemos considerar o *ensemble* microcanônico a porta de entrada para o estudo das propriedades térmicas em nível macroscópico, uma vez que fornece a principal relação com a termodinâmica.
- As equações de estado são sempre obtidas por meio da relação fundamental da mecânica estatística, que fornece o número de microestados acessíveis e a entropia do sistema.
- A função entropia é sempre côncava, o que nos leva a concluir que existem regiões físicas que não são permitidas, uma vez que apresentariam entropia negativa.
- O gás ideal clássico é uma das principais formas de enxergar as propriedades térmicas analisadas na mecânica estatística, pois pode ser visto como a porta de entrada para os demais sistemas.
- O paramagnetismo tem uma aplicação muito importante para o fenômeno de supercondutividade, sendo estabelecido mais precisamente pela lei de Curie.
- O gás de Boltzmann é considerado um precursor da teoria quântica da matéria, pois admite que as partículas que o constituem sejam definidas por valores discretos de energia.

Ensemble canônico

4

Tendo analisado, no capítulo anterior, o *ensemble* microcanônico, estamos, agora, aptos a investigar sistemas mais particulares, como o *ensemble* canônico, que abordaremos neste capítulo, e o *ensemble* grande canônico, muitas vezes denominado *ensemble das pressões*, que será o objeto do capítulo seguinte.

De maneira geral, o que aqui desenvolveremos é, de certa forma, uma generalização ou, melhor, uma especificação para sistemas físicos, como o paramagneto de *spin* ½, o sistema de dois níveis de energia e o gás clássico, antes abordados no estudo do *ensemble* microcanônico.

Explicitaremos as principais diferenças entre o *ensemble* microcanônico e o *ensemble* canônico, de modo que será possível compararmos as relações entre as propriedades térmicas de sistemas físicos em ambas as visões. Trataremos, também, daquele que vem a ser um dos princípios fundamentais não somente da mecânica estatística, mas seguramente de toda a física, o chamado *teorema da equipartição da energia*.

Além disso, definiremos, neste capítulo, a função de partição, conceito que nos acompanhará em capítulos posteriores. Por meio dessa função, realizaremos a conexão com a termodinâmica, de modo que poderemos encontrar as variáveis de estado da termodinâmica macroscópica de equilíbrio.

4.1 Função canônica de partição e energia livre de Helmholtz

Conforme pontuamos, podemos investigar as propriedades térmicas em nível macroscópico sob uma outra ótica, distinta do *ensemble* microcanônico, investigado no capítulo anterior. Nesse sentido, abordaremos, agora, o *ensemble* canônico, que carrega algumas diferenças bastante particulares em relação ao *ensemble* anterior. Uma dessas diferenças está, de certo modo, representada na Figura 4.1, a seguir.

Figura 4.1 – Sistema S em contato com um reservatório

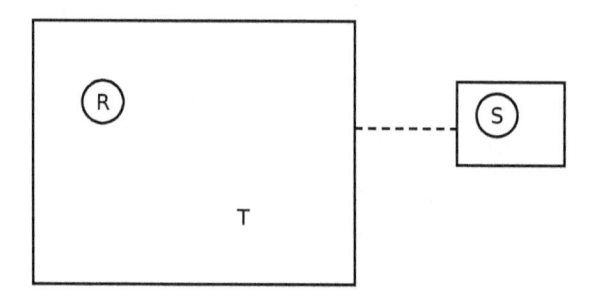

Fonte: Salinas, 2008, p. 117.

A Figura 4.1 apresenta um sistema termodinâmico de certa forma simples. Esse está em contato térmico por meio de uma parede diatérmica, fixa e impermeável. Vamos considerar que o reservatório R é muito grande, se comparado ao sistema de interesse S, logo, ele é definido por um grande número de partículas e, consequentemente, por um grande número de graus de liberdade.

Desse modo, se considerarmos o sistema composto S = R com uma energia total E_0, podemos utilizar, sem nenhuma restrição, os postulados fundamentais da mecânica estatística. Nesse caso, a probabilidade de encontrar o sistema S em um dado estado microscópico particular j é definida como:

Equação 4.1

$$P_j = c\Omega_R\left(E_0 - E_j\right)$$

Em (4.1), a constante c é determinada pela condição de normalização, a energia E_j é a energia do sistema S para um determinado estado particular e Ω_R é o número de microestados de energia acessível ao sistema.

Como estamos considerando o fato de que o reservatório térmico é muito grande, podemos assumir que a energia E_j é muito menor do que a energia total do sistema E_0 para qualquer valor de j, tal que:

Equação 4.2

$$\ln P_j = \ln c + \ln \Omega_R\left(E_0\right) + \left[\frac{\partial \ln \Omega_R(E)}{\partial E}\right]_{E=E_0}(-E_j) +$$

$$+ \frac{1}{2}\left[\frac{\partial^2 \ln \Omega_R(E)}{\partial^2 E}\right]_{E=E_0} + \left(-E_j\right)^2 + \ldots$$

Do postulado fundamental da mecânica estatística temos que a entropia é proporcional ao logaritmo do número de microestados. Nesse sentido, concluímos:

Equação 4.3

$$\frac{\partial \ln \Omega_R(E)}{\partial E} = \frac{1}{k_B T}$$

em que *T* é a temperatura do reservatório.

Podemos escrever de maneira similar a derivada segunda:

Equação 4.4

$$\frac{\partial^2 \ln \Omega_R(E)}{\partial^2 E} = \frac{1}{k_B} \frac{\partial}{\partial E}\left(\frac{1}{T}\right) \to 0$$

Se, por acaso, tivermos um verdadeiro reservatório térmico, ou seja, aquele em que a temperatura é praticamente constante e fixa, a equação (4.2) pode ser resumida da seguinte forma:

Equação 4.5

$$\ln P_j = \text{constante} - \frac{1}{k_B T} E_j$$

Se tomarmos a exponencial de (4.5), obtemos:

Equação 4.6

$$P_j = \frac{\exp(-\beta E_j)}{\sum_k \exp(-\beta E_k)}$$

Nessa equação (4.6), é possível assumir $\beta = \dfrac{1}{k_B T}$.

Dessa forma, podemos considerar que o *ensemble* canônico é um sistema determinado pelo conjunto de microestados {j} associados à função de probabilidade descrita pela equação (4.6) e acessíveis ao sistema, que, por sua vez, se encontra em contato térmico com um dado reservatório a uma temperatura *T* (Huang, 2001).

Por meio dessa equação, somos capazes de definir um objeto de grande importância para o estudo da mecânica estatística e dos *ensembles*, o qual é conhecido como *função de partição do sistema* e, especialmente para os casos aqui abordados, *função de partição canônica*, que se define como:

Equação 4.7

$$Z = \sum_{j} \exp\left(-\beta E_j\right)$$

Essa função está diretamente associada à condição de normalização da probabilidade P_j. Percebemos algo importante nessa relação: essa soma é efetuada sobre todos os estados microscópicos do sistema. Assim, para um certo valor de energia, é possível observar vários termos iguais que são correspondentes a todos os estados microscópicos para esse mesmo valor (Huang, 2001). Levando em consideração essa afirmação, podemos escrever a função de partição como:

Equação 4.8

$$Z = \sum_j \exp(-\beta E_j) = \sum_E \Omega(E)\exp(-\beta E_j)$$

em que a quantidade $\Omega(E)$ é o número de microestados acessíveis para o sistema *S* com uma dada energia *E*.

Substituindo essa somatória pelo seu valor extremo, ou máximo, de acordo com os argumentos discutidos no capítulo anterior, podemos mostrar que:

Equação 4.9

$$Z = \sum_E \exp\left[(-\beta E_j) - \Omega(E)\right]$$

ou, de forma aproximada,

Equação 4.10

$$Z \sim \sum_E \exp\left[-\beta \min\{E - TS(E)\}\right]$$

Aqui, utilizou-se, mais uma vez, a definição estatística de entropia como o logaritmo do número de estados acessíveis ao sistema. Como verificamos no Capítulo 1, os potenciais termodinâmicos são obtidos por meio de uma transformação de Legendre, que, se aplicada a (4.10), fornece a seguinte relação:

Equação 4.11

$$Z \to \exp(-\beta F)$$

Nesse caso, *F* é a energia livre de Helmholtz, que, dessa forma, demonstra sua intrínseca ligação com a função de partição canônica.

Se estamos considerando, nesse caso, um fluido puro, ou seja, um sistema em que os níveis de energia E_j são funções do volume *V* e do número de partículas *N*, a função de partição é, portanto, uma função das variáveis *T*, *V*, *Z*, de modo que a energia livre de Helmholtz pode ser escrita como:

Equação 4.12

$$F(T, V, Z) \to \frac{1}{\beta} \ln Z(T, V, Z)$$

De forma mais precisa, é possível estabelecer a conexão com a termodinâmica por meio de:

Equação 4.13

$$-\beta f(T, v) = \lim_{\substack{V,N \to \infty; \frac{V}{N}=v}} \frac{1}{N} \ln Z(T, V, Z)$$

Na próxima seção, abordaremos as flutuações de energia do *ensemble* canônico no espaço de fase clássico, que, na verdade, é a porta de entrada para realizarmos algumas aplicações para esse nível de energia.

4.2 Flutuações na energia do sistema

Antes de efetivamente analisarmos as flutuações de energia para o ensemble canônico, é imperioso abordarmos, de forma resumida, o *ensemble* canônico no espaço de fase clássico (Huang, 2001). Dessa forma, definimos a distribuição canônica de Gibbs por meio da densidade de probabilidade no espaço de fase, que pode ser identificada como:

Equação 4.14

$$\rho(q,p) = \frac{1}{Z}\exp\left(-\beta \mathcal{H}_S(p,q)\right)$$

Nessa configuração, a função de partição canônica é definida pela seguinte relação:

Equação 4.15

$$Z = \int \exp\left(-\beta \mathcal{H}_S(p,q)\right) dq\, dp$$

O sistema S, cuja hamiltoniana é definida por meio de $\mathcal{H}_S(p,q)$ – com as variáveis de posição e momento, respectivamente –, encontra-se em equilíbrio com o reservatório térmico R, que, em geral, é muito grande, como consideramos anteriormente. A conexão entre o *ensemble* canônico e a termodinâmica é feita no limite termodinâmico, definido com base na energia livre de Helmholtz, definida pela expressão (4.13).

Como na maioria dos sistemas físicos existem flutuações de energia, nos sistemas térmicos não seria diferente. Nesse contexto, elas podem ser estabelecidas por meio da distribuição de probabilidades P_j definida pela equação (4.6). Dessa forma, é possível determinar seu valor probabilístico, ou seja, seu valor esperado, utilizando a relação:

Equação 4.16

$$\langle E_j \rangle = \frac{\sum_j E_j \exp(-\beta E_j)}{\sum_j \exp(-\beta E_j)} = -\frac{\partial}{\partial \beta} \ln Z$$

Nesse caso, a função de partição é definida pela equação (4.7). Como assinalamos, no limite termodinâmico, chegamos a:

Equação 4.17

$$F \to -k_B \ln Z$$

Facilmente observamos que o valor esperado da energia é especificado com a própria energia interna U do sistema S, ou seja, $U \to \langle E_j \rangle$. Assim, somos capazes de determinar o desvio quadrado médio:

Equação 4.18

$$\langle (E_j - \langle E_j \rangle)^2 \rangle = \langle E_j^2 \rangle - \langle E_j \rangle^2 = Z^{-1} \sum_j E_j^2 \exp(-\beta E_j) - \left[Z^{-1} \sum_j E_j \exp(-\beta E_j) \right]^2$$

ou seja,

Equação 4.19

$$\left\langle (E_j - \langle E_j \rangle)^2 \right\rangle = \frac{\partial}{\partial \beta}\left[\frac{1}{Z}\frac{\partial Z}{\partial \beta}\right] = -\frac{\partial}{\partial \beta}\langle E_j \rangle$$

Comparando esse valor esperado com a energia média termodinâmica, obtemos:

Equação 4.20

$$\left\langle (E_j - \langle E_j \rangle)^2 \right\rangle = -\frac{\partial}{\partial \beta}\langle U \rangle = k_B T^2 \frac{\partial U}{\partial T} = N k_B T^2 c_v \geq 0$$

Diante dessa expressão, percebemos que o calor específico é uma quantidade positiva.

Por fim, a expressão para o desvio relativo é, eventualmente, determinada por:

Equação 4.21

$$\frac{\left\langle (E_j - \langle E_j \rangle)^2 \right\rangle^{1/2}}{\langle E_j \rangle} = \frac{\sqrt{N k_B T^2 c_v}}{Nu} \sim \frac{1}{\sqrt{N}}$$

Como era de se esperar, percebemos que o desvio relativo vai a zero com $\frac{1}{\sqrt{N}}$ no limite termodinâmico, que é garantido justamente dessa forma. No entanto, existem certas situações em que o calor específico é muito elevado, de modo que acarreta grandes flutuações de energia no *ensemble* canônico.

É possível traçar um gráfico da função de partição sobre a energia média do sistema, aqui descrita por $\bar{E}$ (Gráfico 4.1).

Gráfico 4.1 – Função de partição pela energia média

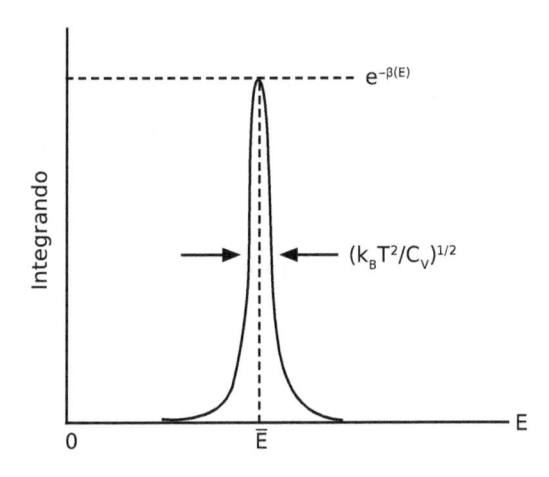

[Gráfico: eixo y "Integrando", eixo x "E", curva acentuada em torno de $\bar{E}$, com indicações $e^{-\beta(E)}$ e largura $(k_B T^2/C_V)^{1/2}$]

Fonte: Huang, 2001, p. 164.

No Gráfico 4.1, observamos o eixo y como a função (4.15) pela energia média. Trata-se de um gráfico bastante acentuado em torno do valor médio da energia.

Podemos, eventualmente, determinar uma expressão alternativa para a distribuição canônica, que se mostra bastante útil em algumas situações. Começamos escrevendo a energia livre de Helmholtz da seguinte forma:

Equação 4.22

$$F = -\frac{1}{\beta}\ln Z = -\frac{1}{\beta}\ln\sum_{j}\exp(-\beta E_j)$$

Nesse caso, definimos a entropia como:

Equação 4.23

$$S = -\frac{\partial F}{\partial T} = k_B \beta^2 \frac{\partial F}{\partial \beta} = k_B \ln Z + k_B \beta \frac{1}{Z}\sum_j E_j \exp(-\beta E_j)$$

Assim, por meio da equação (4.6), em que vemos a expressão para a probabilidade P_j, obtemos a seguinte relação:

Equação 4.24

$$-\beta E_j = \ln(ZP_j)$$

Então, inserindo essa equação (4.24) na equação (4.23), encontramos uma importante relação para a entropia em termos da distribuição de probabilidades:

Equação 4.25

$$S = -k_B \sum_j P_j \exp(P_j)$$

Esta expressão é conhecida como *entropia de Shannon*.

Perceba que, na verdade, uma expressão como essa não é, de certa forma, muito diferente da entropia que identificamos no *ensemble* microcanônico, bastando somente observar que, naquela situação, a probabilidade é definida como $P_j = \frac{1}{\Omega}$, existem estados acessíveis para o sistema e a entropia resume-se em $S = k_B \ln\Omega$. Munidos dessas informações, uma definição alternativa para a entropia foi proposta por Tsallis (Salinas, 2008), a qual podemos observar de acordo com a seguinte relação:

Equação 4.26

$$S_q = k_B \frac{1}{q-1}\left[1 - \sum_j P_j^q\right]$$

Perceba que essa relação se reduz à relação usual de Gibbs no limite em que $q \to 1$. Observamos que, embora seja uma teoria alternativa, a entropia de Tsallis não é aditiva, de modo que não pode ser aplicada para a problemas de interesse termodinâmico.

É possível estabelecer um princípio de maximização da entropia dado pela equação (4.25) para uma distribuição qualquer de probabilidade $\{P_j\}$ que esteja sujeita a determinadas relações de vínculos. Para o *ensemble* canônico, esse vínculo pode ser, por exemplo, o vínculo de normalização, tal que:

Equação 4.27

$$\sum_j P_j = 1$$

A energia média termodinâmica é definida como:

Equação 4.28

$$\sum_j E_j P_j$$

Usando a técnica dos multiplicadores de Lagrange, conforme estudamos no capítulo anterior, calculamos a probabilidade como:

Equação 4.29

$$P_j = \frac{\exp\left(\frac{-\lambda_2}{k_B}\right)}{\sum_j \exp\left(\frac{-\lambda_2}{k_B}\right)}$$

Na sequência, abordaremos duas aplicações das quantidades até aqui analisadas: o paramagneto de *spin* ½ e o sólido de Einstein.

Paramagneto ideal de spin ½

Mais uma vez, vamos analisar o paramgnético ideal de *spin* ½, agora sob a ótica do *ensemble* canônico. Como sabemos, esse sistema consiste em um conjunto de N partículas magnéticas localizadas, de *spin* 1/2, que se encontra na presença de um campo magnético H. Agora, no *ensemble* canônico, consideraremos que esse sistema está em contato com um reservatório térmico à uma temperatura T. Como sabemos, o hamiltoniano do sistema é definido por

Equação 4.30

$$\mathcal{H} = -\mu_0 H \sum_{j=1}^{N} \sigma_j$$

em que $\sigma_j = \pm 1$, para $j = 1, 2, \ldots N$.

Uma vez que o microestado do sistema é estabelecido pelo conjunto de valores para as variáveis de *spin* σ_j, a função de partição canônica do sistema é dada por:

Equação 4.31

$$Z = \sum_{\{\sigma_j\}} \exp(-\beta H)$$

ou seja,

Equação 4.32

$$Z = \sum_{\{\sigma_1, \sigma_2, \ldots \sigma_N\}} \exp\left(\beta\mu_0 H \sum_{j=1}^{N} \sigma_j\right)$$

Percebemos, por meio das propriedades da função exponencial, que esse termo pode ser fatorado:

Equação 4.33

$$Z = \left[\sum_{\{\sigma_1\}} \exp(\beta\mu_0 H \sigma_1)\right] \ldots \left[\sum_{\{\sigma_2\}} \exp(\beta\mu_0 H \sigma_2)\right] = Z_1^N$$

Nesse caso, por definição,

Equação 4.34

$$Z_1 = \sum_{\{\sigma_1 = \pm 1\}} \exp(\beta\mu_0 H \sigma) = 2\cosh(\beta\mu_0 H)$$

É possível determinarmos a função de partição, nesse caso, sem a necessidade de argumentos combinatórios, que são, em geral, bastante complexos e de difícil manipulação. Esse procedimento será considerado nas demais análises deste e dos próximos capítulos.

Assim, a função de partição estabelece uma conexão com a termodinâmica, por intermédio da energia livre magnética, expressa como:

Equação 4.35

$$g(T,H) = -\frac{1}{\beta} \lim_{N \to \infty} \frac{1}{N} \ln Z = -k_B T \ln\left[2\cosh\left(\frac{\mu_0 H}{k_B T}\right)\right]$$

A hamiltoniana fornece a energia magnética como uma função da temperatura T e do campo magnético H. Por facilidade de cálculo, adotaremos a notação $g = g(T,H)$ para obtermos uma analogia com a função de Gibbs para um fluido puro que seja uma função apenas dos parâmetros p e T.

Nesse caso, a entropia por partícula é:

Equação 4.36

$$s = -\left(\frac{\partial g}{\partial T}\right)_H = k_B \left[2\cosh\left(\frac{\mu_0 H}{k_B T}\right)\right] - k_B \left(\frac{\mu_0 H}{k_B T}\right)\tanh\left(\frac{\mu_0 H}{k_B T}\right)$$

Com essa expressão, determinamos o calor específico a campo fixo:

Equação 4.37

$$m = -\left(\frac{\partial g}{\partial H}\right)_T = \mu_0 \tanh\left(\frac{\mu_0 H}{k_B T}\right)$$

Essa expressão é a mesma que determinamos no capítulo anterior, quando tratávamos do *ensemble* microcanônico. Agora, no contexto do *ensemble* canônico, essa quantidade pode ser considerada o valor médio probabilístico do valor termodinâmico da magnetização. Utilizando a distribuição canônica, obtemos a seguinte expressão:

Equação 4.38

$$\frac{1}{N}\left\langle \mu_0 \sum_{j=1}^{N} \sigma_j \right\rangle = \frac{1}{N\beta}\frac{\partial}{\partial H}\ln Z = \mu_0 \tanh(\beta\mu_0 H)$$

que traz a expressão para a magnetização por partícula.

Com base na magnetização por partícula, é possível determinar também a suscetibilidade magnética:

Equação 4.39

$$\chi(T, H) = \frac{\mu_0^2}{K_B T}\cosh^{-2}\left(\frac{\mu_0 H}{k_B T}\right)$$

Nesse sentido, para o campo magnético nulo $H = 0$, conforme verificamos no capítulo anterior, temos a famosa lei de Curie para o paramagnetismo:

Equação 4.40

$$\chi(T, H = 0) = \frac{\mu_0^2}{K_B T}$$

Exercício resolvido

Podemos determinar a lei de Curie para o paramagnetismo de uma perspectiva do *ensemble* canônico. Como verificamos anteriormente, essa lei tem aplicações variadas, sendo a mais citada aquela com os supercondutores. Com a equação (4.40) é possível obter a suscetibilidade magnética, que é proporcional à constante de Curie e inversamente proporcional à temperatura. Assim, trata-se de uma função exclusiva da temperatura do sistema.

Diante disso, para um sistema composto por certo material magnético a uma temperatura de 200 K e com campo magnético nulo, a suscetibilidade magnética é:

a) $\chi_0 = 5{,}718 \times 10^{30}$

b) $\chi_0 = 5{,}718 \times 10^{26}$

c) $\chi_0 = 5{,}718 \times 10^{36}$

d) $\chi_0 = 5{,}718 \times 10^{46}$

e) $\chi_0 = 5{,}718 \times 10^{40}$

Considere: $k_B = 1{,}380649 \times 10^{-23} \text{ J} \cdot \text{K}^{-1}$ e $\mu_0 = 4\pi \times 10^7$

Gabarito: c

***Feedback* do exercício**: Para obter a suscetibilidade magnética, devemos realizar uma substituição direta dos valores da constante de Boltzmann, do valor da permeabilidade magnética no vácuo e do valor da temperatura. Sendo assim,

Então,

$$\chi_0(T) = \frac{(4\pi \times 10^7)^2}{1{,}380649 \times 10^{-23} \cdot 200}$$

$$\chi_0 = 5{,}718 \times 10^{36}$$

A energia por partícula pode ser determinada também por meio da energia livre magnética, que é definida como

Equação 4.41

$$u = g + Ts = -\mu_0 H \tanh\left(\frac{\mu_0 H}{k_B T}\right)$$

Além disso, é viável obter a função de partição canônica do sistema por meio da soma dos valores discretos da energia e do fator combinatório, em que o número de partículas com *spin* para cima é N_1 e com *spin* para baixo, $N_2 = N - N_1$, sendo *N* o número total de partículas. Desse modo, a energia do sistema pode ser escrita como:

Equação 4.42

$$E(N_1) = -\mu_0 H N_1 + \mu_0 H(N - N_1)$$

Fique atento!

Como demonstramos, é possível determinar as propriedades de um sistema ideal de *spin* ½ fazendo uma análise do ponto de vista do *ensemble* canônico. Perceba que, com isso, não nos distanciamos dos resultados determinados para esse sistema sob a ótica do *ensemble* microcanônico.

Nesse caso, a função de partição canônica para o paramagneto de *spin* ½ é, portanto,

Equação 4.43

$$Z = \sum_{N_1=0}^{N} \frac{N!}{N_1!(N-N_1)!} \exp\left(\beta\mu_0 H N_1 - \beta\mu_0 H(N-N_1)\right) =$$
$$= \left[\exp\beta\mu_0 H + \exp(-\beta\mu_0 H)\right]^N = \left[22\cosh(\beta\mu_0 H)\right]^N$$

A seguir, vamos investigar outro sistema de interesse no estudo da mecânica estatística, o conhecido *sólido de Einstein*.

Sólido de Eisntein

O sólido de Einstein consiste em um conjunto de N osciladores unidimensionais, com a mesma frequência fundamental ω, que estão em um reservatório térmico a uma determinada temperatura T. Como assinalamos, os estados microscópicos do sistema ficam completamente determinados especificando-se os números quânticos

$\{n_1, n_2, ..., n_n\}$, em que n_j descreve o número de quanta de energia para o j-ésimo oscilador.

Para um oscilador em um estado microscópico n_j, a energia desse estado é determinada por:

Equação 4.44

$$E\{n_j\} = \sum_{j=1}^{N}\left(n_j + \frac{1}{2}\right)\hbar\omega$$

Com essa expressão, somos capazes de determinar a função de partição canônica para o sólido de Einstein:

Equação 4.45

$$Z = \sum_{\{n_j\}} \exp\left(-\beta E\{n_j\}\right) = \sum_{n_1, n_2, ..., n_1} \exp\left[-\sum_{j=1}^{N}\left(n_j + \frac{1}{2}\right)\hbar\omega\right]$$

Não há termos de interação entre as partículas; assim, a soma múltipla se fatoriza, tal que a função de partição se transforma em uma expressão bastante simplificada:

Equação 4.46

$$Z = \left\{\sum_{n=0}^{\infty} \exp\left[-\sum_{j=1}^{N}\left(n_j + \frac{1}{2}\right)\hbar\omega\right]\right\}^N = Z_1^N$$

Nessa situação, consideramos que a função de todo o sistema é a função de partição de um único oscilador.

A energia livre de Helmholtz por oscilador é definida pela seguinte expressão:

Equação 4.47

$$f = -\frac{1}{\beta}\lim_{N\to\infty}\frac{1}{N}\ln Z = \frac{1}{2}\hbar\omega + k_B T \ln\left[1 - \exp\left(-\frac{\hbar\omega}{k_B T}\right)\right]$$

Como sabemos, por meio dessa expressão, podemos determinar todas as quantidades termodinâmicas de interesse, como o calor específico e a temperatura.

4.3 Gás ideal monoatômico clássico

Nesta seção, vamos, mais uma vez, investigar um sistema físico de grande importância outrora investigado no formalismo do *ensemble* microcanônico. Trata-se do gás ideal clássico de partículas não interagentes. Conforme verificamos, um gás ideal consiste em um sistema com *N* partículas não interagentes de massa *m*, cuja hamiltoniana é definida pela relação:

Equação 4.48

$$\mathcal{H} = \sum_{i=1}^{N}\frac{1}{2m}\vec{p}^{\,2} + \sum_{i<j} V\left(\left|\vec{r}_i - \vec{r}_j\right|\right)$$

O potencial *V* descrito nessa equação é definido aos pares e deve conter uma região densa que não permita a penetrabilidade da matéria, como um caroço.

A função de partição canônica para esse sistema clássico – que se encontra dentro de um reservatório térmico a uma temperatura *T*, dentro de uma região de volume *V* – é definida por meio das variáveis do espaço de fase clássico:

Equação 4.49

$$Z_C = \int \ldots \int d^3\vec{r}_1 \ldots d^3\vec{r}_N \int \ldots \int d^3\vec{p}_1 \ldots d^3\vec{p}_N \exp(-\beta \mathcal{H})$$

A integral em (4.49) pode ser determinada considerando a restrição de que deve ser calculada dentro do volume do recipiente.

Se analisarmos a integral sobre as variáveis de momento, verificaremos que ela é trivial, uma vez que:

Equação 4.50

$$\int_{-\infty}^{\infty} \exp\left(-\frac{\beta p^2}{2m}\right) = \left(\frac{2\pi m}{\beta}\right)^{\frac{1}{2}}$$

Assim, podemos escrever a função de partição como:

Equação 4.51

$$Z_C = \left(\frac{2\pi m}{\beta}\right)^{\frac{3N}{2}} Q_N$$

em que a quantidade Q_N é definida por:

Equação 4.52

$$Q_N = \int \ldots \int d^3\vec{r}_1 \ldots d^3\vec{r}_N \exp\left[-\beta \sum_{i<j} V\left(|\vec{r}_i - \vec{r}_j|\right)\right]$$

A seguir, podemos observar o gráfico do potencial de interação pela posição para um par de partículas de um gás clássico (Gráfico 4.2).

Gráfico 4.2 – Potencial de interação pela posição da partícula

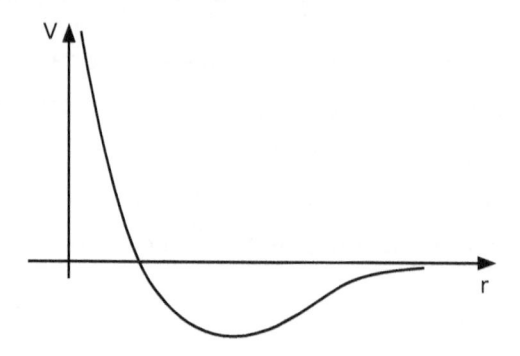

Fonte: Salinas, 2008, p. 138.

Para o caso de um gás ideal, isto é, quando desprezamos a interação entre as partículas, a parte que depende da configuração da função de partição assume, exclusivamente, a forma da seguinte relação:

Equação 4.53

$$Q_N = V^N$$

Assim, para o gás ideal monoatômico clássico,

Equação 4.54

$$Z_N = \left(\frac{2\pi m}{\beta}\right)^{\frac{3N}{2}} V^N$$

ou seja,

Equação 4.55

$$\frac{1}{N}\ln Z_C = \frac{3}{2}\ln\left(\frac{2\pi m}{\beta}\right) + \ln V$$

É importante destacar que a equação (4.55) apresenta problemas quando tomamos o limite termodinâmico, ou seja, quando fazemos o número de partículas ir para o infinito. Para contornar esse problema, inferimos o chamado *fator de contagem de Boltzmann N!* e dividimos o valor de Z_N por um fator h^{3N}. Nesse contexto, o valor de *h* deve ser de uma dimensão apropriada de comprimento vezes o momento, garantindo que a função de partição não dependa da escolha do espaço de fase. Dessa forma, escrevemos a função de partição para o gás clássico como:

Equação 4.56

$$Z = \frac{1}{N!}\frac{1}{h^{3N}}Z_C = \frac{1}{N!}\left(\frac{2\pi m}{\beta}\right)^{\frac{3N}{2}}Q_N$$

Mais uma vez, o valor de $Q_N = V^N$ é válido para o caso particular em que temos um gás ideal.

Para o caso de um gás monoatômico clássico, devemos aplicar a equação (4.56), de modo que:

Equação 4.57

$$\frac{1}{N}\ln Z = \frac{3}{2}\ln\left(\frac{2\pi m}{\beta h^2}\right) + \ln\frac{V}{N} + 1 + \mathcal{O}\left(\frac{\ln N}{N}\right)$$

Para o limite termodinâmico, o volume é específico, definido por $v = \frac{V}{N}$, fixo, enquanto a energia de Helmholtz por partícula é calculada por:

Equação 4.58

$$f = f(T, v) = -\frac{3}{2}k_B T \ln T - k_B T \ln v - k_B T c$$

Definimos a constante *c* como:

Equação 4.59

$$c = \frac{3}{2}\ln\left(\frac{2\pi m k_B}{h^2}\right) + 1$$

As equações de estado podem ser obtidas de forma simples, a entropia, por exemplo, pode ser determinada por:

Equação 4.60

$$s = -\left(\frac{\partial f}{\partial T}\right)_v = \frac{3}{2}k_B \ln T + k_B \ln v + \frac{3}{2}k_B$$

Gráfico 4.3 – Entropia *versus* temperatura

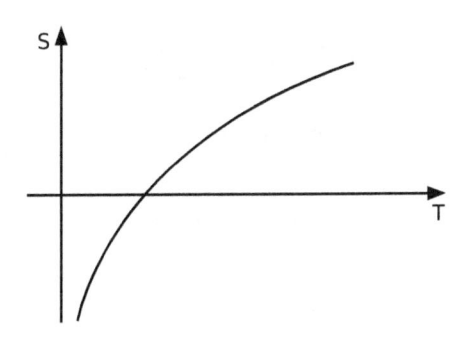

[Gráfico: curva logarítmica de S em função de T, passando pelo eixo T e tornando-se negativa para T pequeno]

Fonte: Salinas, 2008, p. 140.

Por meio do Gráfico 4.3, podemos perceber que, para temperaturas baixas, a entropia torna-se negativa, em desacordo com as leis da termodinâmica. Esse fato permite concluirmos que os conceitos clássicos não são suficientes para descrever sistemas microscópicos a baixas temperaturas, o que é resolvido pela estatística quântica, conforme verificaremos no Capítulo 6 desta obra.

A equação (4.60) também pode nos conduzir ao famoso calor específico clássico e à pressão, definidos, respectivamente, como:

Equação 4.61

$$c_V = T\left(\frac{\partial s}{\partial T}\right)_V = \frac{3}{2}k_B$$

Equação 4.62

$$p = -\left(\frac{\partial f}{\partial v}\right)_T = \frac{T}{v}k_B$$

Essas expressões levam à famosa lei de Boyle:
$pv = k_B T$.

Já a energia interna por partícula do gás ideal clássico é determinada em termos da energia média probabilística, calculada pela seguinte equação:

Equação 4.63

$$\langle \mathcal{H} \rangle = -\frac{\partial}{\partial \beta} \ln Z = \frac{3}{2}\frac{N}{\beta} = \frac{3}{2}Nk_B T$$

Nesse caso, a energia por partícula equivale a:

Equação 4.64

$$u = \frac{3}{2}k_B T$$

Exercício resolvido

Se analisarmos a equação em (4.64), notamos que, mesmo no *ensemble* canônico, temos a função clássica da energia interna, que é vista também na teoria cinética dos gases e na lei geral dos gases perfeitos, com exceção do fator do número de partículas *N*.

Com isso em mente, considere a seguinte situação: um gás ideal monoatômico com uma energia interna a uma pressão $u = 3 \times 10^{-4}$ J. Determine, para esse caso, a temperatura em que se encontra esse gás dentro de um recipiente qualquer:

a) $T = 1,44 \times 10^{19} K$.

b) $T = 1,44 \times 10^{17} K$.

c) $T = 1,44 \times 10^{21} K$.

d) $T = 1,44 \times 10^{18} K$.

e) $T = 1,44 \times 10^{15} K$.

Considere: $k_B = 1,380649 \times 10^{-23} J \cdot K^{-1}$.

Gabarito: a

Feedback do exercício: Podemos determinar, sem maiores problemas, a temperatura do gás da situação indicada por meio da substituição direta na equação geral dos gases ideais (4.64):

$$T = \frac{2u}{3 \cdot 1,380649 \times 10^{-23}}$$
$$T = 1,44 \times 10^{19} K$$

Analisaremos, a seguir, um dos princípios fundamentais da física estatística, o chamado *teorema da equipartição da energia*.

4.4 O teorema da equipartição da energia

De maneira geral, o teorema da equipartição da energia é investigado pela teoria cinética dos gases e postula que cada termo quadrático da hamiltoniana clássica contribui com $\frac{k_B T}{2}$ para a energia total do sistema (Salinas, 2008). Se considerarmos o gás monoatômico clássico, definido pela equação (4.48), facilmente demonstramos, pelo formalismo canônico, que a energia cinética média é calculada por:

Equação 4.65

$$\langle E_{cin} \rangle = \left\langle \sum_{i=1}^{N} \frac{1}{2m} \vec{p}_i^2 \right\rangle = \sum_{i=1}^{N} \left\langle \frac{1}{2m} \left(\vec{p}_{ix}^2 + \vec{p}_{iy}^2 + \vec{p}_{iz}^2 \right) \right\rangle = \frac{3}{2} N k_B T$$

Essa equação é, na verdade, aquela que descreve a energia interna do gás ideal. Em um sistema com N osciladores harmônicos clássico, a hamiltoniana é definida por:

Equação 4.66

$$\mathcal{H} = \sum_{i=1}^{N} \left(\frac{1}{2m} \vec{p}_i^2 + \frac{1}{2} m \omega^2 q_i^2 \right)$$

Considerando que as coordenadas de posição e de momento variam de forma irrestrita, o valor esperado para o *ensemble* canônico corresponde a:

Equação 4.67

$$\langle \mathcal{H} \rangle = \sum_{i=1}^{N} \left(\left\langle \frac{1}{2m} \vec{p}_i^2 \right\rangle + \left\langle \frac{1}{2} m \omega^2 q_i^2 \right\rangle \right)$$

Portanto, obtemos, nessa situação, a seguinte relação para o valor médio da energia:

Equação 4.68

$$\langle \mathcal{H} \rangle = \left(\frac{1}{2} k_B T + \frac{1}{2} k_B T \right) = N k_B T$$

O teorema da equipartição de energia pode ser visualizado sob outro aspecto. Para isso, vamos supor um sistema clássico constituído de *n* graus de liberdade, cujo hamiltoniano é estabelecido por meio da seguinte relação:

Equação 4.69

$$\mathcal{H}(q_1, \ldots, q_n, p_1, \ldots, p_n) = \mathcal{H}_0 + \phi \vec{p}_j^{\,2}$$

Devemos levar em consideração três fatores na determinação desse hamiltoniano:

- as funções $\mathcal{H}$ e ϕ são funções independentes da coordenada p_j;
- a função ϕ é sempre positiva;
- a coordenada p_j varia de $-\infty$ à $+\infty$.

Dessa forma, concluímos que o valor esperado é definido pela relação:

Equação 4.70

$$\langle \phi \vec{p}_j^{\,2} \rangle = \frac{1}{2} k_B T$$

Embora seja complexa, a demonstração desse resultado é, de certa forma, de fácil realização.

Para tanto, definimos o valor médio do *ensemble* canônico como:

Equação 4.71

$$\left\langle \phi \vec{p}_j^2 \right\rangle = \frac{\int ... \int dq_1 ... dp_N \phi \vec{p}_j^2 \exp\left(-\beta \mathcal{H}_0 - \beta \phi \vec{p}_j^2\right)}{\int ... \int dq_1 ... dp_N \exp\left(-\beta \mathcal{H}_0 - \beta \phi \vec{p}_j^2\right)}$$

Devemos considerar as restrições relativas às variáveis que explicitamos anteriormente, tal que, eventualmente, se torna possível determinar a integral no numerador de (4.71):

Equação 4.72

$$\int_{-\infty}^{+\infty} \phi \vec{p}_j^2 \exp\left(-\beta \mathcal{H}_0 - \beta \phi \vec{p}_j^2\right) = \exp\left(-\beta \mathcal{H}_0\right)$$

Após algumas manipulações, obtemos o seguinte resultado:

Equação 4.73

$$\int_{-\infty}^{+\infty} \phi \vec{p}_j^2 \exp\left(-\beta \mathcal{H}_0 - \beta \phi \vec{p}_j^2\right) = \frac{1}{2\beta} \int_{-\infty}^{+\infty} \phi \vec{p}_j^2 \exp\left(-\beta \mathcal{H}_0 - \beta \phi \vec{p}_j^2\right)$$

Desse modo, se extrairmos o fator $\frac{1}{2\beta}$, as integrais múltiplas no numerador e no denominador da equação (4.71) são iguais, o que nos mostra:

Equação 4.74

$$\langle \phi \vec{p}_j^2 \rangle = \frac{1}{2\beta} = \frac{1}{2} k_B T$$

A equação (4.74) demonstra, então, o teorema da equipartição da energia.

4.5 Gás monoatômico real

Vamos, agora, determinar o caso geral de um gás cujas interações entre suas partículas são consideradas, conhecido, na maioria das vezes, como *gás real*.
Visto que há interação entre os pares de partículas, a determinação da parte configuracional da função de partição canônica apresenta grandes dificuldades. Assim, podemos fazer pelo menos uma aproximação que seja válida para uma região com baixas densidades, ou seja, com um valor de $v = \frac{V}{N}$ suficientemente grande.

Para os dados experimentais, de maneira geral, emprega-se a chamada *expansão do virial* (Salinas, 2008), escrita em termos de $\frac{1}{v}$:

Equação 4.75

$$\frac{p}{k_B T} = \frac{1}{v} + A\frac{1}{v^2} + B\frac{1}{v^3} + \dots$$

Perceba que, se tomarmos apenas o primeiro termo de (4.75), obteremos a lei de Boyle usual. Os demais termos de correção, que contêm os coeficientes A e B, são funções da temperatura e encontram-se tabelados para os gases mais comuns. A equação mais famosa para um gás real é a equação de van der Waals, definida como:

Equação 4.76

$$\left(p + \frac{a}{v^2}\right)(v - b) = k_B T$$

Na equação (4.76), os parâmetros constantes *a* e *b* são obtidos por experiências de caráter fenomenológico e são positivos.

? O que é?

A maioria dos sistemas físicos são considerados em sua situação ideal, ou seja, aquela em que é desconsiderada a maioria dos efeitos externos e das interações. Um **gás real** nada mais é do que um gás para o qual consideramos a situação mais real encontrada na natureza. Aqui, especificamente, reconhecemos que existe interação entre as partículas que o constituem.

De acordo com van der Waals, o parâmetro *b* estaria relacionado à impenetrabilidade da matéria, o que viria a representar o potencial intermolecular, já o parâmetro *a* descreveria a interação entre os pares. Perceba que a equação (4.76) fornece a expansão definida em (4.75), tal que:

Equação 4.77

$$\frac{p}{k_B T} = \frac{1}{v} + \left(b - \frac{a}{k_B T}\right)\frac{1}{v^2} + b^2 \frac{1}{v^3} + \ldots$$

Nosso objetivo, aqui, é desenvolver uma análise aproximada, de maneira que tenhamos uma expressão para o coeficiente do virial *A* em termos dos parâmetros *a* e *b* que aparecem na equação de van der Waals. Dessa forma, a parte configuracional da função canônica é escrita como:

Equação 4.78

$$Q_N = \int \ldots \int d^3\vec{r}_1 \ldots d^3\vec{r}_N \exp\left[-\beta \sum_{i<j} V\left(\left|\vec{r}_i - \vec{r}_j\right|\right)\right] =$$
$$= \left(\prod_{i=1}^N \int d^3\vec{r}_i\right)\prod_{i<j}\exp\left(-\beta V_{ij}\right) = \left(\prod_{i=1}^N \int d^3\vec{r}_i\right)\prod_{i<j}\left(1 - f_{ij}\right)$$

Nesse caso, consideramos $V_{ij} = V\left(\left|\vec{r}_i - \vec{r}_j\right|\right)$ e $f_{ij} = \exp\left(-\beta V_{ij}\right) - 1$. A seguir, podemos verificar um gráfico das funções $V(r)$ e f_{ij} em função de *r*:

Gráfico 4.4 – V(r) e f(r) em função da posição

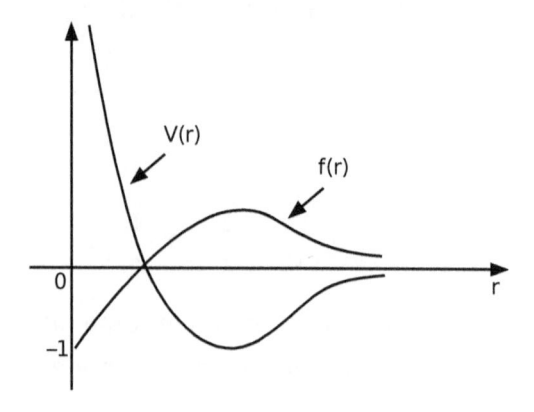

Fonte: Salinas, 2008, p. 146.

Percebemos pelo Gráfico 4.4 que f(r) → 1, quando r → 0, e f(r) → 0, quando r → ∞. Além disso, se a parte atrativa de V(r) não for muito forte, a função f(r) não será muito grande. Nesse caso, podemos escrever uma expansão do tipo:

Equação 4.79

$$\prod_{i<j}(1-f_{ij}) = 1 + \sum_{i<j} f_{ij} + \text{ordens superiores}$$

Desse modo, teremos que a equação (4.78) nos traz:

Equação 4.80

$$Q_N = V^N + V^{N-2} \sum_{i<j} \int d^3\vec{r}_1 \int d^3\vec{r}_j f_{ij} + \ldots$$

Assim, considerando o limite termodinâmico, obtemos a seguinte relação:

Equação 4.81

$$\ln Q_N - N\ln N = \frac{1}{2}\frac{N^2}{V}\int_0^\infty 4\pi r^2 f(r)dr + \ldots$$

Agora, utilizando a equação (4.56), constatamos:

Equação 4.82

$$\frac{1}{N}\ln Z = \frac{3}{2}\ln\left(\frac{2\pi m}{\beta h^2}\right) + \frac{1}{N}\ln Q_N - \ln N + 1$$

Dessa forma, se inserirmos a expressão de $\ln Q_N$ definida em (4.81), encontramos a energia de Helmholtz por partícula:

Equação 4.83

$$f(T,v) = -\frac{3}{2}k_B T\ln T - k_B T\ln v - k_B T_c - \frac{1}{2}k_B T\frac{1}{v}\int_0^\infty 4\pi r^2 f(r)dr + \ldots$$

em que c é uma constante.

Se compararmos a equação (4.83) com a *equação (4.58)*, concluímos que o termo que envolve a integração descreve o primeiro desvio em relação ao comportamento para um gás ideal.

Nessa situação, a pressão é dada pela relação:

Equação 4.84

$$p = -\left(\frac{\partial f}{\partial v}\right)_T = \frac{k_B T}{v} - \frac{k_B T}{2v^2}\int_0^\infty 4\pi r^2 f(r)dr + \ldots$$

Assim,

Equação 4.85

$$\frac{p}{k_B T} = \frac{1}{v} + A\frac{1}{v^2} + \ldots$$

Nesse caso, o coeficiente do virial pode ser determinado por comparação:

Equação 4.86

$$A = -2\pi\int_0^\infty r^2 f(r)dr$$

Por meio do Gráfico 4.5, é possível observar o potencial.

Gráfico 4.5 – Potencial intermolecular com uma região densa

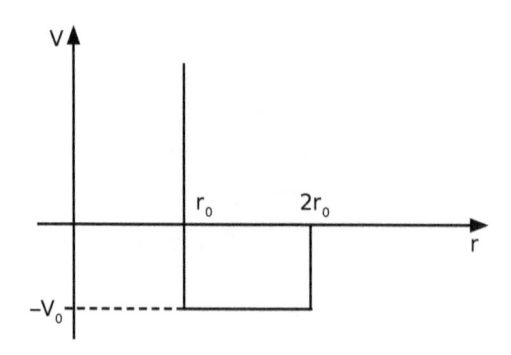

Fonte: Salinas, 2008, p. 148.

Caso haja um potencial intermolecular com uma região muito densa no centro e uma pequena região atrativa, temos:

Equação 4.87

$$A = -2\pi \int_0^\infty r^2 \left[e^{-\beta V(r)} - 1 \right] dr$$

Isso nos fornece a seguinte relação:

Equação 4.88

$$A = \frac{2\pi}{3} r_0^3 - \frac{14\pi}{3} r_0^3 \left(e^{\beta V_0} - 1 \right)$$

Perceba, por meio da equação (4.88), que, se o potencial V_0 é muito pequeno, A tende a um valor fixo:

Equação 4.89

$$A \to \frac{2\pi}{3} r_0^3 - \frac{14\pi r_0^3 V_0}{3 k_B} \frac{1}{T}$$

Podemos ver claramente aqui os parâmetros *a* e *b*, que são definidos pelas relações:

Equação 4.90

$$b = \frac{2\pi}{3} r_0^3 \quad \text{e} \quad a = \frac{14\pi r_0^3 V_0}{3}$$

Isso confirma exatamente aquilo que afirmamos anteriormente: temos uma região muito densa, como um caroço duro, e uma pequena região atrativa.

4.5.1 Limite termodinâmico para um sistema contínuo

Nesta subseção, verificaremos como o formalismo canônico é utilizado no espaço de fase clássico a fim de estabelecermos o limite termodinâmico. Para realizar essa tarefa, é necessária uma grande quantidade de artifícios matemáticos que não detalharemos aqui. Apenas explicitaremos seus resultados com os devidos comentários.

Nesse sentido, consideremos uma sequência de domínios tridimensionais Ω_k com um volume V_k, de modo que k = 1, 2, 3, ..., sempre com a condição de que $V_{k+1} > V_k$, com N_k partículas e volume específico $v_k = \dfrac{V_k}{N_k}$. Assim, a função de partição canônica é:

Equação 4.91

$$Z_k = \frac{1}{\lambda^{3N_k}} Q_k$$

O valor de λ é dado por:

Equação 4.92

$$\lambda = \frac{\sqrt{2\pi m k_B T}}{h}$$

E Q_k assume a seguinte forma:

Equação 4.93

$$Q_k = \frac{1}{N!} \int \ldots \int d^3\vec{r}_1 \ldots d^3\vec{r}_{Nk} \exp\left[-\beta \sum_{i<j} V\left(\left|\vec{r}_i - \vec{r}_j\right|\right)\right]$$

A energia livre por partícula é obtida por meio da função:

Equação 4.94

$$f_k = \frac{1}{N_k} \ln Z_k$$

Devemos examinar para quais potenciais V(r) existe o seguinte limite:

Equação 4.95

$$f(T, v) = \lim_{k \to \infty} f_k$$

É válido destacar, aqui, que praticamente todas as formas de Ω_k são compatíveis com o limite, desde que a área da superfície não cresça.

Gráfico 4.6 – Potencial usado para provar o limite termodinâmico

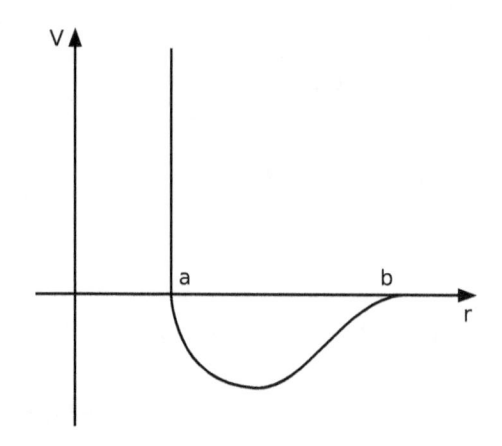

Fonte: Salinas, 2008, p. 150.

Para o caso mais simples, devemos ter um potencial da seguinte forma:

Equação 4.96

$$V(r) = \begin{cases} \infty & \text{se } 0 \leq r \leq a \\ < 0 & \text{se } a \leq r \leq b \\ 0 & \text{se } r \geq b \end{cases}$$

Um potencial desse tipo foi usado por van Hove em uma de suas tentativas de demonstrar a existência do limite termodinâmico (Salinas, 2008).

Síntese

- Uma descrição mais simples para sistemas térmicos em nível microscópico pode ser estabelecida com o *ensemble* canônico.
- Na análise do *ensemble* microcanônico, recuperamos todas as relações outrora obtidas, inclusive as equações de estado.
- A conexão com a termodinâmica para o *ensemble* microcanônico é feita por intermédio da função de partição canônica, que está intimamente ligada à energia livre de Helmholtz.
- O gás ideal clássico é uma das principais formas de enxergar as propriedades térmicas analisadas na mecânica estatística. Ele pode ser revisto para o formalismo canônico por meio da função de partição canônica.
- O teorema da equipartição de energia é um dos mais fundamentais nesse ramo da física e garante que cada termo quadrático da hamiltoniana contribui da mesma forma para a energia total do sistema.
- Um gás real é a melhor forma de verificar as propriedades térmicas de sistemas físicos mais presentes na natureza.

Ensemble grande canônico

5

No capítulo anterior, investigamos o *ensemble* canônico. Sua principal propriedade é o fato de este ser um sistema termodinâmico em contato com um determinado reservatório térmico com uma temperatura fixa e definida. A partir de agora, vamos investigar o *ensemble* grande canônico, comumente conhecido como *grande ensemble*, o qual está associado a um sistema que se encontra em contato com um reservatório térmico e de partículas. Essa característica corresponde à principal diferença em relação ao *ensemble* canônico. Desse modo, a energia e o número de partículas podem variar em torno de seus valores médios e o desvio quadrático deve ser considerado muito pequeno para sistemas grandes.

A conexão do *ensemble* grande canônico com a termodinâmica ocorre por meio do grande potencial termodinâmico. Ele diferencia-se dos demais por tratar de forma mais fácil os casos quânticos, especificamente para um gás de partículas. Isso nos conduz de modo mais rápido ao processo de segunda quantização.

Compreendemos melhor as propriedades do *ensemble* grande canônico, principalmente aquelas relativas a sua interação com as partículas que compõem o sistema, por meio de um sistema particular chamado de *ensemble das pressões*.

5.1 Grande função de partição e grande potencial termodinâmico

Conforme sinalizamos, uma boa introdução ao estudo do *ensemble* grande canônico consiste na análise de um sistema mais simples, o *ensemble* das pressões. Consideremos um sistema composto com uma energia total E_0 e um volume V_0, isolado por uma parede móvel e diatérmica, ou seja, que permite variações de volume e temperatura, mas é impermeável à passagem de partículas.

Dessa forma, podemos considerar que esse sistema apresenta uma probabilidade de ser encontrado em um dado estado microscópico *j* com energia E_j e volume V_j, calculada por:

Equação 5.1

$$P_j = c\Omega_R\left(E_0 - E_j; V_0 - V_j\right)$$

em que *c* é uma constante e $\Omega_R(E, V)$ é o número de microestados acessíveis do sistema associado a um dado reservatório *R* e com energia *E* e volume *V*.

Assim, por meio da expansão utilizada nos capítulos anteriores para a probabilidade, obtemos:

Equação 5.2

$$\ln P_j = \text{constante} + \left(\frac{\partial \ln \Omega_j}{\partial E}\right)_{E_0, V_0}(-E_j) + \left(\frac{\partial \ln \Omega_j}{\partial V}\right)_{E_0, V_0}(-V_j) + \ldots$$

Com o postulado fundamental da mecânica estatística, podemos relacionar essa equação (5.2) com a entropia do sistema, chegando às seguintes quantidades para a temperatura e a pressão, respectivamente:

Equação 5.3

$$\frac{\partial \ln \Omega_j}{\partial E} = \frac{1}{k_B T} \quad \text{e} \quad \frac{\partial \ln \Omega_j}{\partial V} = \frac{p}{k_B T}$$

em que p e T são, respectivamente, a pressão e a temperatura do reservatório.

Se considerarmos o limite de um dado reservatório que seja suficientemente grande, todos os termos de segunda ordem na equação (5.2) podem ser desprezados, de modo que a probabilidade passa a ser definida como:

Equação 5.4

$$\ln P_j = \text{constante} - \frac{E_j}{k_B T} - \frac{p V_j}{k_B T}$$

Por meio da exponencial de (5.4), encontramos a probabilidade e, consequentemente, a função de partição para o *ensemble* das pressões, que podem ser escritas, respectivamente, como:

Equação 5.5

$$P_j = \frac{1}{Y} \exp\left(-\beta E_j - \beta p V_j\right)$$

Equação 5.6

$$Y = \sum_j \exp\left(-\beta E_j - \beta p V_j\right)$$

De maneira resumida, o *ensemble* das pressões é formado por um conjunto $\{j, P_j\}$ de microestados e suas respectivas probabilidades, que são todas expressas pela equação (5.5).

No caso de um fluido puro, a função de partição tem dependência nas variáveis T, p e N.

A conexão do *ensemble* das pressões com a termodinâmica é feita por meio da energia livre de Gibbs. Para construir essa relação, procedemos em duas etapas. Na primeira, fixamos o volume V e, na segunda, somamos todos os valores de V, acarretando uma modificação na função de partição, que poderá ser escrita como:

Equação 5.7

$$Y = \sum_V \exp\left(-\beta p V_j\right) \sum_j \exp\left(-\beta E_j V_j\right)$$

Aqui, a soma deve restringir-se apenas aos microestados do sistema com um volume V. Perceba que essa soma define a própria função de partição canônica para um sistema com temperatura fixa T e volume V. De fato, é possível utilizar a notação $Z = Z(\beta, V)$ para enfatizar a dependência da função canônica em relação à temperatura e ao volume. Assim, obtemos:

Equação 5.8

$$Y = \sum_V \exp(-\beta p V_j) Z(\beta, V)$$

Para determinarmos a energia livre de Helmholtz e, dessa forma, chegar à energia livre de Gibbs por uma transformação de Legendre, devemos substituir a soma que se encontra na equação (5.8) por seu valor máximo:

Equação 5.9

$$Y = \sum_V \exp(-\beta p V_j) Z(\beta, V) \sim \exp[-\beta(k_B T \ln Z + pV)]$$

Ou seja,

Equação 5.10

$$Y = \sim \exp[-\beta(F + pV)]$$

Dessa forma, o processo de minimização equivale a uma transformação de Legendre para a energia livre de Helmholtz em relação ao volume. Isso nos conduz à função energia livre de Gibbs, uma função da temperatura e da pressão. Portanto, as funções de partição e energia livre de Gibbs são relacionadas como:

Equação 5.11

$$Y = \sim \exp[-\beta G]$$

Assim, para um fluido, é necessário explicitar as variáveis independentes:

Equação 5.12

$$G = G(T, p, N) \to -\frac{1}{\beta} \ln Y(T, p, N)$$

De maneira geral, a conexão com a termodinâmica é obtida por meio do limite termodinâmico, em que devemos ter $N \to \infty$, com a temperatura e a pressão fixa, tal que:

Equação 5.13

$$g(T, p) = -\frac{1}{\beta} \lim_{N \to \infty} \frac{1}{N} \ln Y(T, p, N)$$

Por meio da conhecida equação de Euler da termodinâmica, abordada nos capítulos anteriores, sabemos que $G = U - TS + pV = N\mu$. Logo, a energia livre de Gibbs por partícula $g = \frac{G}{N}$ é o potencial químico em função da temperatura e da pressão.

Gás monoatômico clássico no formalismo do ensemble *das pressões*

Como exemplo de aplicação para esse tipo de sistema, podemos citar o gás monoatômico clássico de partículas não interagentes.

A função de partição canônica clássica para tal sistema pode ser escrita como:

Equação 5.14

$$Z = Z(T, V, N) = \frac{1}{N!} Z_1^N$$

Conforme observamos nos capítulos anteriores, o termo Z_1 é definido como:

Equação 5.15

$$Z_1 = \left(\frac{2\pi m}{\beta h^2}\right)^{3/2} V$$

Assim, se utilizarmos a forma contínua para a função de partição de *ensemble* das pressões de (5.8), obtemos:

Equação 5.16

$$Y(T, p, N) = \int_0^\infty \exp(-\beta p V_j) Z(T, VN) dV =$$

$$= \frac{1}{N!} \left(\frac{2\pi m}{\beta h^2}\right)^{\frac{3}{2}} \int_0^\infty \exp(-\beta p V_j) V^N dV$$

Vale notar que, usando a relação tabelada da integral,

Equação 5.17

$$\int_0^\infty x^n e^{-\alpha x} dx = (-1)^n \frac{d^n}{d\alpha^n} \int_0^\infty x^n e^{-\alpha x} dx = (-1)^{2n} n! \alpha^{-n-1}$$

Com $\alpha > 0$ e n como um número inteiro, temos:

Equação 5.18

$$Y(T, p, N) = \frac{1}{N!} \left(\frac{2\pi m}{\beta h^2}\right)^{\frac{3}{2}} \frac{N!}{(\beta p)^{N+1}}$$

Logo, no limite termodinâmico, encontramos:

Equação 5.19

$$\lim_{N\to\infty} \frac{1}{N} \ln Y = \frac{3}{2} \ln\left(\frac{2\pi m}{\beta h^2}\right) - \ln(\beta p)$$

Dessa forma, fica fácil explicitar a energia livre de Gibbs por partícula:

Equação 5.20

$$g = g(T, p) = -\frac{3}{2} k_B T \ln\left(\frac{2\pi m k_B T}{h^2}\right) - k_B T \ln\left(\frac{k_B T}{p}\right)$$

Perceba que essa equação (5.20) nos fornece uma transformada de Legendre por meio da energia livre de Helmholtz por partícula f = f(T, v).

A equação de estado para a energia livre de Gibbs é definida como:

Equação 5.21

$$s = -\left(\frac{\partial g}{\partial T}\right)_p = \frac{5}{2} k_B \ln(T) - k_B \ln p + \text{constante}$$

Assim, o calor específico, a pressão constante e o volume para o *ensemble* das pressões são expressos por:

Equação 5.22

$$c_p = T\left(\frac{\partial s}{\partial T}\right)_p = \frac{5}{2} k_B$$

e

Equação 5.23

$$v = \left(\frac{\partial s}{\partial p}\right)_T = \frac{k_B T}{p}$$

Este último resultado corresponde à lei de Boyle.

Exercício resolvido

A equação (5.23) refere-se à lei de Boyle e é conhecida como *a lei geral dos gases perfeitos*. De fato, construímos essa relação desconsiderando as possíveis interações entre as partículas que constituem o gás. Dessa forma, podemos encontrar qualquer uma das três principais variáveis de estado termodinâmicas em nível macroscópico.

Diante disso, considere a seguinte situação hipotética: um gás ideal monoatômico a uma pressão $p = 2 \times 10^{-10}$ Pa imerso em um volume $v = 3 \times 10^{-3}$ m³. Determine a temperatura em que se encontra esse gás:

a) $T = 4,3457 \times 10^{10}$ K.
b) $T = 4,3457 \times 10^{11}$ K.
c) $T = 4,3457 \times 10^{9}$ K.
d) $T = 4,3457 \times 10^{12}$ K.
e) $T = 4,3457 \times 10^{15}$ K.

Considere: $k_B = 1,380649 \times 10^{-23}$ J·K⁻¹

Gabarito: a

Feedback do exercício: Para determinar a temperatura desse sistema utilizando a lei de Boyle, isolamos a temperatura da equação (5.23):

$$T = \frac{pv}{k_B}$$

Dessa forma, ao realizarmos uma substituição direta dos valores, obtemos:

$$T = \frac{2 \times 10^{-10} \cdot 3 \times 10^{-3}}{1,380649 \times 10^{-23}}$$

Isso nos fornece o seguinte resultado:

$$T = \frac{2 \times 10^{-10} \cdot 3 \times 10^{-3}}{1,380649 \times 10^{-23}} = 4,3457 \times 10^{10} K$$

Por meio dos conceitos relativos ao *ensemble* das pressões aqui abordados, podemos investigar o *ensemble* grande canônico e suas propriedades.

5.1.1 *Ensemble* grande canônico

Para investigar o *ensemble* grande canônico, vamos considerar um sistema S em contato com um reservatório térmico R de calor e de partículas, ou seja, com calor e potencial químico fixos – perceba que o potencial químico diz respeito ao número de partículas, por isso o estudo prévio do *ensemble* das pressões é importante.

O sistema (que, agora, é composto) está isolado com uma energia total E_0 e com um número de partículas N_0.

Consideremos, por simplicidade, que se trata de um sistema puro, com um único tipo de componente. A parede que define o sistema é ideal, diatérmica e permeável, no entanto, permanece fixa, o que impede quaisquer variações em seu volume. Mais uma vez, por meio do postulado fundamental da mecânica estatística, a probabilidade do sistema S ser encontrado em um dado estado microscópico j com uma energia E_j e o número de partículas N_j é calculada pela expressão:

Equação 5.24

$$P_j = c\Omega_R \left(E_0 - E_j; N_0 - N_j\right)$$

Nesse caso, c é uma constante e $\Omega_R(E, V)$, o número de microestados acessíveis do sistema associado a um dado reservatório R com energia E e volume N. Perceba uma importante diferença em relação ao *ensemble* das pressões: admitimos o volume constante em todo tempo. Assim, devemos ter a seguinte probabilidade:

Equação 5.25

$$\ln P_j = \text{constante} + \left(\frac{\partial \ln \Omega_j}{\partial E}\right)_{E_0, V_0} \left(-E_j\right) + \left(\frac{\partial \ln \Omega_j}{\partial N}\right)_{E_0, V_0} \left(-N_j\right) + \ldots$$

Como sabemos, de acordo com o postulado fundamental da mecânica estatística, a entropia relaciona-se com a probabilidade de acordo com $S = k_B \ln P$, de modo que encontramos as seguintes relações:

Equação 5.26

$$\frac{\partial \ln \Omega_j}{\partial E} = \frac{1}{k_B T} \quad e \quad \frac{\partial \ln \Omega_j}{\partial N} = -\frac{\mu}{k_B T}$$

Aqui, μ e T são, respectivamente, o potencial químico e a temperatura do reservatório. Mais uma vez, caso o limite para um dado reservatório seja suficientemente grande, podemos desprezar todos os termos de segunda ordem da equação (5.25), de modo que a probabilidade seja determinada como:

Equação 5.27

$$\ln P_j = \text{constante} - \frac{E_j}{k_B T} + \frac{\mu N_j}{k_B T}$$

Assim,

Equação 5.28

$$P_j = \frac{1}{\Xi} \exp\left(-\beta E_j + \beta \mu N_j\right)$$

A quantidade que se encontra no denominador da equação (5.28) é a famosa grande função de partição, definida por:

Equação 5.29

$$\Xi = \sum_j \exp\left(-\beta E_j + \beta \mu N_j\right)$$

O *ensemble* grande canônico é um sistema formado por um conjunto {j, P_j} de microestados e suas respectivas probabilidades descritas por meio da equação (5.28). Se, mais uma vez, considerarmos o caso de um fluido puro, a função de partição terá dependência nas variáveis T, V e μ.

Fique atento!

Os passos que seguimos da equação (5.24) à equação (5.29) são os mesmos que seguimos para o *ensemble* das pressões. A diferença mais evidente é o fato de que, para o *ensemble* das pressões, o volume é variável e o número de partículas, constante; enquanto, no *ensemble* grande canônico, essas configurações se invertem.

A conexão com a termodinâmica para o *ensemble* grande canônico é descrita por meio do grande potencial termodinâmico (Huang, 2001). Para tanto, podemos reorganizar a soma dos microestados, somando, em primeiro lugar, os estados com um número fixo de partículas e, depois, todos os valores de N:

Equação 5.30

$$\Xi = \sum_V \exp(\beta\mu N) \sum_j \exp(-\beta E_j(N_j))$$

A soma que aparece em (5.30) está restrita apenas aos microestados do sistema com um volume V. Note, mais uma vez, que essa soma define a função de partição canônica para um sistema com uma temperatura fixa T e um número de partículas N. Dessa maneira, podemos utilizar a notação Z = Z(β, N) para enfatizar a dependência da função canônica com a temperatura e o volume, respectivamente. Assim, constatamos que:

Equação 5.31

$$\Xi = \sum_N \exp(\beta\mu N) Z(\beta, N)$$

Para determinarmos a energia livre de Helmholtz e, assim, explicitarmos a conexão com a termodinâmica, devemos realizar uma transformação de Legendre, substituindo a soma que se encontra na equação (5.31) por seu valor máximo:

Equação 5.32

$$\Xi = \sum_V \exp(\beta\mu N + \ln Z) Z(\beta, V) \sim \exp\left[-\beta\left(-k_B T \ln Z - \mu N\right)\right]$$

Ou seja,

Equação 5.33

$$\Xi = \sim \exp\left[-\beta(F - \mu N)\right]$$

Como assinalamos anteriormente, o processo de minimização nos conduz a uma transformação de Legendre, que nos fornece a energia livre de Helmholtz em relação ao número de partículas. Isso nos leva ao grande potencial termodinâmico, que é uma função da temperatura e do potencial químico. Desse modo, as funções de partição e energia livre de Gibbs são relacionadas como:

Equação 5.34

$$\Xi = \sim \exp\left[-\beta\Phi\right]$$

Assim, para o caso de um fluido, precisamos explicitar as variáveis independentes:

Equação 5.35

$$\Phi = \Phi(T, \mu, V) \to -\frac{1}{\beta}\ln\Xi(T, \mu, V)$$

De maneira geral, a conexão com a termodinâmica é obtida quando consideramos o limite termodinâmico, em que $N \to \infty$, com temperatura e pressão fixas. Assim, temos:

Equação 5.36

$$\phi(T, \mu) = -\frac{1}{\beta}\lim_{V\to\infty}\frac{1}{V}\ln\Xi(T, \mu, V)$$

Novamente usaremos a equação de Euler da termodinâmica para estabelecer a relação: $G = U - TS + pV = -pV$. Dessa forma, o grande potencial termodinâmico por volume $\phi = \dfrac{\Phi}{V}$ pode ser interpretado como o valor negativo da pressão, que, por sua vez, é uma função da temperatura e do potencial químico.

5.2 Flutuações na energia e no número de partículas do sistema

Assim como no *ensemble* canônico, no *ensemble* grande canônico podemos observar flutuações de energia em torno dos valores esperados. Os valores médios da energia do sistema e do número de partículas são definidos, respectivamente, por:

Equação 5.37

$$\langle E_j \rangle = \Xi^{-1} \sum_j E_j \exp\left(-\beta E_j + \beta\mu N_j\right) = -\frac{\partial}{\partial \beta}\ln\Xi + \frac{\Xi}{\beta}\frac{\partial}{\partial \beta}\ln\Xi$$

e

Equação 5.38

$$\langle N_j \rangle = \Xi^{-1} \sum_j N_j \exp\left(-\beta E_j + \beta\mu N_j\right) = \frac{1}{\beta}\frac{\partial}{\partial \beta}\ln\Xi$$

Podemos, ainda, reescrever a energia média do sistema em termos da fugacidade, o que também é, eventualmente, possível no *ensemble* canônico:

Equação 5.39

$$z = \exp(\beta\mu)$$

Além disso, expressamos a grande função de partição em termos das variáveis independentes z e β e do volume que permanece fixo – omitido para facilitação do cálculo:

Equação 5.40

$$\Xi = \Xi(z, \beta) = \sum_j z^{N_j} \exp(-\beta E_j) = \sum_{N=0} z^N Z(\beta, N)$$

A última soma descreve, na verdade, um polinômio na coordenada z. Nesse caso, o coeficiente genérico dado por z^N representa uma função canônica de partição para um sistema de N partículas.

Dessa forma, usando essas novas variáveis, podemos escrever a energia média do sistema e o número médio de partículas, respectivamente, como:

Equação 5.41

$$\langle E_j \rangle = \Xi^{-1} \sum_j E_j z^{N_j} \exp(-\beta E_j) = -\frac{\partial}{\partial \beta} \ln \Xi(z, \beta)$$

e

Equação 5.42

$$\langle N_j \rangle = \Xi^{-1} \sum_j N_j z^{N_j} \exp(-\beta E_j) = z \frac{\partial}{\partial \beta} \ln \Xi(z, \beta)$$

Por meio do grande potencial termodinâmico definido na equação (5.35), somos capazes de demonstrar que os valores médios da energia do sistema e do número de partículas correspondem à energia interna U e ao número de partículas N do sistema.

Nesse caso, o desvio quadrático do número de partículas é definido por meio da seguinte relação:

Equação 5.43

$$\langle (\Delta N)^2 \rangle = \langle (N_j - \langle N_j \rangle)^2 \rangle = \frac{1}{\beta^2} \frac{\partial}{\partial \mu} \left[\frac{\partial}{\partial \mu} \ln \Xi \right]$$

Dessa forma, utilizando mais uma vez o grande potencial termodinâmico, obtemos:

Equação 5.44

$$\langle (N_j - \langle N_j \rangle)^2 \rangle = \frac{1}{\beta} \left[\frac{\partial}{\partial \mu} N \right]$$

É importante destacar que a derivada que se encontra na equação (5.44) é tomada considerando a temperatura e o volume constantes. Por sua vez, o número N descreve o número de partículas que representa o valor esperado $\langle N_j \rangle$.

Levando em consideração que o desvio quadrático é sempre um valor positivo e que está definido com o volume fixo, se mantivermos a temperatura constante, o valor da concentração $\rho = \dfrac{N}{V}$ deve aumentar o potencial químico.

Podemos escrever o desvio quadrático com base em quantidades termodinâmicas mais conhecidas. Para tanto, utilizamos a relação de Gibbs-Duhem para a termodinâmica $d\mu = -\dfrac{S}{N}dT + \dfrac{V}{N}dp$. Desse modo, é possível mostrar que:

Equação 5.45

$$\left(\frac{\partial \mu}{\partial N}\right)_{T,V} = \frac{V}{N}\left(\frac{\partial p}{\partial N}\right)_{T,N} \quad e \quad \left(\frac{\partial \mu}{\partial V}\right)_{T,V} = \frac{V}{N}\left(\frac{\partial p}{\partial V}\right)_{T,N}$$

Por meio da representação de Helmholtz para a termodinâmica e ainda utilizando a relação de Maxwell, constatamos:

Equação 5.46

$$\left(\frac{\partial p}{\partial V}\right)_{T,N} = -\left(\frac{\partial \mu}{\partial N}\right)_{T,V}$$

Isso nos leva diretamente às seguintes relações:

Equação 5.47

$$\left(\frac{\partial p}{\partial N}\right)_{T,V} = -\frac{V}{N}\left(\frac{\partial \mu}{\partial N}\right)_{T,N} = -\left(\frac{V}{N}\right)^2\left(\frac{\partial p}{\partial N}\right)_{T,V} = \frac{V}{N^2 \kappa_T}$$

A quantidade k_T é chamada de *compressibilidade isotérmica*. Com base nesse desenvolvimento e com a condição de que essa quantidade seja sempre uma grandeza positiva, podemos escrever:

Equação 5.48

$$\left(\langle N_j \rangle\right)^2 = \left\langle \left(N_j - \langle N_j \rangle\right)^2 \right\rangle = \frac{1}{\beta}\left(\frac{\partial N}{\partial \mu}\right)_{T,N} = N\frac{k_B T \kappa_T}{v}$$

? O que é

A **compressibilidade isotérmica** é uma importante propriedade da matéria, assim como a inércia e a expansibilidade. Trata-se da propriedade que a matéria tem de resistir a forças igualmente distribuídas. Nos casos aqui analisados, especificamente, ela é observada à temperatura constante (Greiner; Neise; Stöcker, 1997).

O sinal positivo da compressibilidade isotérmica conduz-nos a uma importante conclusão: temos, nessa situação, requisitos bastante profundos de estabilidade termodinâmica, portanto, o desvio relativo é descrito como:

Equação 5.49

$$\frac{\sqrt{\langle (\Delta N)^2 \rangle}}{\langle N_j \rangle} = \left(\frac{k_B T \kappa_T}{v}\right)^{1/2} \frac{1}{\sqrt{N}}$$

Perceba que essa quantidade tende a zero com o valor $\sqrt{N}$, quando temos um sistema com um número de partículas suficientemente grande. Por conseguinte, as flutuações da densidade tornam-se, também, suficientemente grandes para as vizinhanças de um ponto crítico quando $k_T \to \infty$.

As flutuações de densidade dentro de um fluido são associadas a um fenômeno conhecido como *opalescência*.

Para saber mais

OLIVEIRA, M. J. de. **Termodinâmica**: transições de fase e fenômenos críticos – aula 3. Bauru, 2006. 30 slides.

Os *slides* da terceira aula do curso de Termodinâmica ofertado pelo Professor Mário José de Oliveira na 9ª Semana da Física da Universidade Estadual Paulista (Unesp) – Campos de Bauru correspondem a outra fonte de informações sobre o conceito de opalescência.

SALINAS, S. R. A. **Introdução à física estatística**. 2. ed. São Paulo: Edusp, 2008.

Uma visão mais geral a respeito do fenômeno de opalescência pode ser encontrada no livro *Introdução à física estatística*, de Sílvio R. A. Salinas, mais especificamente no Capítulo 7.

Na próxima seção, aplicaremos os conceitos discutidos até aqui a um sistema físico de bastante interesse: o caso de um gás ideal clássico.

5.3 Gás ideal monoatômico clássico

Consideremos um gás ideal de partículas não interagentes cuja função de partição canônica é descrita como:

Equação 5.50

$$Z = \frac{1}{N!}\left(\frac{2\pi m}{\beta h^2}\right)^{3/2} V^N$$

Por meio da equação (5.40), obtemos:

Equação 5.51

$$\Xi = \sum_{N=0} z^N \frac{1}{N!}\left(\frac{2\pi m}{\beta h^2}\right)^{3N/2} V^N = \exp\left[z\left(\frac{2\pi m}{\beta h^2}\right)^{3/2} V\right]$$

Aqui, a fugacidade define-se como $z = \exp(\beta\mu)$. Nesse sentido, evidencia-se a seguinte relação:

Equação 5.52

$$\frac{1}{V}\ln\Xi = z\left(\frac{2\pi m}{\beta h^2}\right)^{3/2}$$

Com base nessa expressão, é possível encontrarmos os valores médios da energia e do número de partículas:

Equação 5.53

$$\langle E_j \rangle = -\frac{\partial}{\partial\beta}\ln\Xi(z,\beta) = \frac{3}{2}z\frac{1}{\beta}\left(\frac{2\pi m}{\beta h^2}\right)^{\frac{3}{2}} V$$

O valor de $\langle E_j \rangle$ deve ser o equivalente ao valor médio da energia U. Desse modo, o número de partículas esperado é:

Equação 5.54

$$\langle N_j \rangle = z\frac{\partial}{\partial \beta}\ln \Xi(z,\beta) = z\left(\frac{2\pi m}{\beta h^2}\right)^{3/2} V = \ln \Xi$$

Essa expressão deve fornecer o mesmo número total de partículas de um sistema termodinâmico, tal que podemos recuperar a equação de estado:

Equação 5.55

$$U = \frac{3}{2}Nk_B T$$

Exercício resolvido

Perceba que, em nossos desenvolvimentos teóricos, sempre recuperamos todos os resultados propostos pela termodinâmica de equilíbrio em nível macroscópico, como a energia média interna do sistema dada pela equação (5.55). Considere, então, a seguinte situação: um sistema formado por um gás contido dentro de um recipiente é composto por um número de $N = 4{,}3457 \times 10^{25}$ partículas a uma temperatura de 500 K.

Nesse caso, o valor da energia interna das partículas do sistema é:

a) $U = 4{,}502 \times 10^3$ J.
b) $U = 4{,}502 \times 10^7$ J.
c) $U = 4{,}502 \times 10^5$ J.
d) $U = 4{,}502 \times 10^4$ J.
e) $U = 4{,}502 \times 10^2$ J.

Considere: $k_B = 1{,}380649 \times 10^{-23}$ J·K^{-1}

Gabarito: c

Feedback do exercício: Para determinar a energia interna desse sistema, podemos substituir, sem maiores dificuldades, os dados na equação (5.55). Dessa forma, obtemos diretamente a energia:

$$U = \frac{3Nk_B T}{2}$$

Isso nos conduz ao seguinte resultado numérico:

$$U = \frac{3 \cdot (4{,}3457 \times 10^{25}) \cdot (1{,}380649 \times 10^{-23}) \cdot 500}{2}$$

$$U = 4{,}502 \times 10^5 \text{ J}$$

Perceba um fato interessante na equação (5.52): ela não depende do volume em que se encontra o sistema. Nesse caso, torna-se possível escrevermos imediatamente o grande potencial termodinâmico para o gás ideal:

Equação 5.56

$$\Phi = -\frac{1}{\beta}\ln\Xi(T,\mu,V) = -V\left(\frac{2\pi m}{\beta h^2}\right)^{\frac{3}{2}}(k_B T)^{\frac{5}{2}}\exp\left(\frac{\mu}{k_B T}\right)$$

Assim, as equações de estado na representação do grande potencial termodinâmico levam a:

Equação 5.57

$$S = -\left(\frac{\partial\Phi}{\partial T}\right)_{V,\mu} = V\left(\frac{5}{2}k_B - \frac{\mu}{T}\right)\left(\frac{2\pi m}{h^2}\right)^{\frac{3}{2}}(k_B T)^{\frac{3}{2}}\exp\left(\frac{\mu}{k_B T}\right)$$

Equação 5.58

$$p = -\left(\frac{\partial\Phi}{\partial V}\right)_{T,\mu} = \left(\frac{2\pi m}{h^2}\right)^{\frac{3}{2}}(k_B T)^{\frac{3}{2}}\exp\left(\frac{\mu}{k_B T}\right)$$

Equação 5.59

$$N = -\left(\frac{\partial\Phi}{\partial\mu}\right)_{V,T} = V\left(\frac{2\pi m}{h^2}\right)^{\frac{3}{2}}(k_B T)^{\frac{3}{2}}\exp\left(\frac{\mu}{k_B T}\right)$$

Note que a equação para a pressão em termos da temperatura e do potencial químico carrega em seu escopo uma equação fundamental, uma vez que pode ser determinada de forma direta pela razão entre o grande potencial termodinâmico e o volume.

Podemos utilizar o *ensemble* canônico para teorias de transição de fase. Por exemplo, a teoria de Yang e Lee baseia-se em um sistema clássico (gás clássico monoatômico) contido dentro de um recipiente de volume V e sujeito a um potencial intermolecular do tipo esfera rígida com uma parte atrativa, ou seja, há um potencial com a relação $\left(|V_0|<\infty\right)$(Salinas, 2008). Desse modo, expressamos a função de partição como:

Equação 5.60

$$\Xi(\beta, V, z) = \sum_{N=0}^{M(V)} z^N Z(\beta, V, N)$$

Nesse caso, os coeficientes $Z(\beta, V, N)$ são funções canônicas de partição e a quantidade $M(V)$ depende do volume, uma vez que existe um número máximo de partículas que podem estar contidas dentro de um certo volume.

No formalismo do *ensemble* grande canônico, as equações de estado para a pressão em termos do volume e da temperatura correspondem a:

Equação 5.61

$$\frac{p}{k_B T} = \frac{1}{V} \ln \Xi(\beta, V, z)$$

e

Equação 5.62

$$\frac{1}{v} = \frac{1}{V} z \frac{\partial}{\partial z} \ln \Xi(\beta, V, z)$$

Nesse cenário, é possível eliminar a fugacidade. Em uma transição de fase, as isotermas têm uma característica singular: apresentam um determinado valor de pressão mostrando a coexistência de duas fases. Podemos ver isso de maneira mais clara, a seguir, no Gráfico 5.1, que apresenta a pressão *versus* o volume específico (isoterma).

Gráfico 5.1 – Isoterma para uma transição de fase

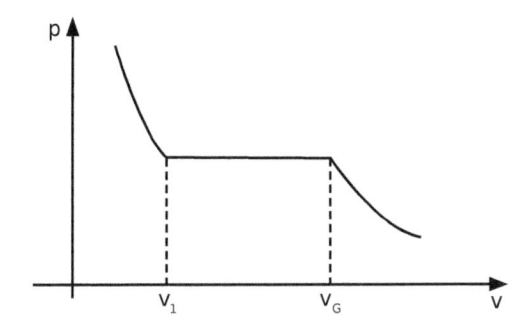

Fonte: Salinas, 2008, p. 175.

Perceba que, para uma determinada pressão, há a coexistência de duas fases distintas com volumes específicos v_1 e v_G.

5.4 Gás ideal quântico

Chegamos ao ponto de nosso percurso que encerra, de certa forma, a abordagem dos sistemas clássicos. A partir desta seção, descreveremos as propriedades térmicas sob a ótica da mecânica quântica.

Um sistema quântico de N partículas pode ser descrito pela função de onda:

Equação 5.63

$$\Psi = \Psi\left(q_1, \ldots, q_n\right)$$

Nesse caso, a quantidade qj descreve as coordenadas para uma dada partícula j, que, eventualmente, pode ser especificada, por exemplo, por posição e *spin*. Como sabemos, todas as funções de onda desse tipo são descritas pela famosa equação de Schrödinger. Além disso, faz-se necessária a seguinte propriedade de simetria:

Equação 5.64

$$\Psi = \Psi\left(q_1, \ldots, q_i, q_j, \ldots, q_n\right) = \pm\Psi\left(q_1, \ldots, q_j, q_i, \ldots, q_n\right)$$

Isso indica que o estado quântico do sistema permanece inalterado sob uma mudança de coordenadas.

As funções de onda que são simétricas se encontram associadas a partículas de *spin* inteiro denominadas *bósons* – como os fótons, os fônons e os magnons –, as quais são descritas por meio da estatística de Bose-Einstein (Reichl, 1998). Já as funções antissimétricas estão associadas a partículas de *spin* semi-inteiro – como os elétrons, os prótons e os nêutrons –, as quais são conhecidas como *férmions* e obedecem à estatística de Fermi-Dirac e ao importante princípio da exclusão de Pauli, que abordaremos adiante.

Consideremos um sistema composto de apenas duas partículas idênticas e não interagentes descritos pelo seguinte hamiltoniano:

Equação 5.65

$$\mathcal{H} = \mathcal{H}_1 + \mathcal{H}_2$$

em que

Equação 5.66

$$\mathcal{H} = \sum_{i=1}^{N} \frac{1}{2m}\vec{p}^2 + V(\vec{r}_j)$$

para j = 1 ou j = 2, respectivamente. As autofunções que nos fornecem uma dada energia E para o hamiltoniano podem ser descritas por um produto $\psi_{n1}(\vec{r}_1)$ e $\psi_{n2}(\vec{r}_2)$, de maneira que

Equação 5.67

$$\mathcal{H}_1 \psi_{n1}(\vec{r}_1) = \varepsilon_{n1} \psi_{n1}(\vec{r}_1)$$

e

Equação 5.68

$$\mathcal{H}_2 \psi_{n2}(\vec{r}_2) = \varepsilon_{n2} \psi_{n2}(\vec{r}_2)$$

Desse modo, a energia total do sistema é definida como:

Equação 5.69

$$E = \varepsilon_{n1} + \varepsilon_{n2}$$

Como sabemos, podemos representar as funções de onda como combinações lineares simétricas e antissimétricas, que nos fornecem os estados acessíveis ao sistema, ou seja:

Equação 5.70

$$\Psi_S(\vec{r}_1, \vec{r}_2) = \frac{1}{\sqrt{2}}\left[\psi_{n1}(\vec{r}_1)\psi_{n2}(\vec{r}_2) + \psi_{n1}(\vec{r}_1)\psi_{n2}(\vec{r}_2)\right]$$

e

Equação 5.71

$$\Psi_A(\vec{r}_1, \vec{r}_2) = \frac{1}{\sqrt{2}}\left[\psi_{n1}(\vec{r}_1)\psi_{n2}(\vec{r}_2) - \psi_{n1}(\vec{r}_1)\psi_{n2}(\vec{r}_2)\right]$$

Por motivos de conveniência, chamaremos a quantidade $\psi_n(\vec{r})$ de *orbital* ou *estado da partícula*. É importante salientarmos que a equação (5.71) se anula quando $n_1 = n_2$, portanto, os férmions não podem ocupar o mesmo orbital. Trata-se do chamado *princípio da exclusão de Pauli*.

Todavia, cabe ressaltar que, experimentalmente, verificamos na natureza a presença de bósons e férmions com funções de onda, respectivamente, antissimétrica e simétrica.

Fique atento!

As partículas que existem na natureza são classificadas em dois grupos de acordo com seu *spin*. Aquelas com *spin* inteiro são conhecidas como **bósons**, já as com *spin* semi-inteiro são conhecidas como **férmions**.
Os bósons são descritos por funções de onda simétricas e os férmions, por antissimétricas.

Para aprimorar nossa compreensão acerca dessas propriedades, construiremos os estados de um sistema de duas partículas idênticas e independentes. Vamos considerar que os números dos orbitais são n_1 e n_2 e assumem apenas três valores distintos, descritos por 1, 2 e 3.

Bósons

No caso dos bósons, há seis estados quânticos para o sistema, esquematizados no Quadro 5.1.

Quadro 5.1 – Estados acessíveis para bósons

1	2	3	
A, B	–	–	$\psi_1(\vec{r}_1)\psi_1(\vec{r}_2)$
–	A, B	–	$\psi_2(\vec{r}_1)\psi_2(\vec{r}_2)$
–	–	A, B	$\psi_3(\vec{r}_1)\psi_3(\vec{r}_2)$

(continua)

(Quadro 5.1 – conclusão)

1	2	3	
A	B	–	$\dfrac{1}{\sqrt{2}}\left[\psi_1(\vec{r}_1)\psi_2(\vec{r}_2) + \psi_1(\vec{r}_2)\psi_2(\vec{r}_2)\right]$
–	A	B	$\dfrac{1}{\sqrt{2}}\left[\psi_2(\vec{r}_1)\psi_3(\vec{r}_2) + \psi_2(\vec{r}_2)\psi_3(\vec{r}_2)\right]$
A	–	B	$\dfrac{1}{\sqrt{2}}\left[\psi_1(\vec{r}_1)\psi_3(\vec{r}_2) + \psi_1(\vec{r}_2)\psi_3(\vec{r}_2)\right]$

As letras A e B são utilizadas apenas para indicar as partículas. Perceba que, se trocarmos A por B, não obtemos um novo estado para o sistema, ou seja, as partículas, nesse caso, são indistinguíveis.

Férmions

Como os férmions obedecem ao princípio da exclusão de Pauli, devemos considerar a relação exposta no Quadro 5.2.

Quadro 5.2 – Relação do princípio de exclusão de Pauli

1	2	3	
A	B	–	$\dfrac{1}{\sqrt{2}}\left[\psi_1(\vec{r}_1)\psi_2(\vec{r}_2) - \psi_1(\vec{r}_2)\psi_2(\vec{r}_2)\right]$
–	A	B	$\dfrac{1}{\sqrt{2}}\left[\psi_2(\vec{r}_1)\psi_3(\vec{r}_2) + \psi_2(\vec{r}_2)\psi_3(\vec{r}_2)\right]$
A	–	B	$\dfrac{1}{\sqrt{2}}\left[\psi_1(\vec{r}_1)\psi_3(\vec{r}_2) + \psi_1(\vec{r}_2)\psi_3(\vec{r}_2)\right]$

Sistema semiclássico

Para efeito de comparação, é possível analisarmos um sistema semiclássico, em que não se considera a simetria da função de ondam, conforme o Quadro 5.3.

Quadro 5.3 - Comparação de sistema semiclássico

1	2	3
A,B	–	–
–	A,B	–
–	–	A,B
A	B	–
B	A	–
–	A	B
–	B	A
A	–	B
B	–	A

Nessa situação em que as partículas são indistinguíveis, verificamos a conhecida distribuição de Maxwell-Boltzmann. De fato, essa estatística corresponde ao limite clássico das estatísticas de Bose-Einstein e Fermi-Dirac.

5.4.1 Orbitais para uma partícula livre

Para estudar essas propriedades, vamos considerar o problema de uma partícula dentro de uma caixa: uma partícula de massa *m* em uma dimensão, presa em uma região de comprimento *L*. Assim, o orbital $\psi_n(\vec{r})$ é calculado pela equação de Schrödinger:

Equação 5.72

$$\mathcal{H}\psi_n(x) = \varepsilon_n \psi_n(x)$$

em que:

Equação 5.73

$$\mathcal{H} = \frac{1}{2m}p^2 = -\frac{\hbar^2}{2m}\frac{d^2}{dx^2}$$

A solução dessa equação diferencial dá-se da seguinte forma:

Equação 5.74

$$\psi_n(x) = Ce^{ikx}$$

Os autovalores de energia são descritos pela seguinte relação:

Equação 5.75

$$\varepsilon_n = \frac{\hbar^2 k^2}{2m}$$

De acordo com a mecânica quântica, a quantização da energia é obtida por meio das condições de contorno. Aqui, vamos impor outras condições, que forneçam condições periódicas de contorno, ou seja, condições que não influenciam no resultado físico.

Nesse sentido, vamos assumir a seguinte condição:

Equação 5.76

$$\psi_n(x) = \psi_n(x+L)$$

Assim, devemos ter exp(ikL) = 1, em que, nesse caso, kL = 2πn, tal que:

Equação 5.77

$$k = \frac{2\pi}{L} n$$

Exercício resolvido

Consideremos uma partícula presa em uma caixa unidimensional de comprimento $L = 2 \times 10^{-8}$ m. Assim, assumindo o estado fundamental, ou seja, n = 1, o valor do número de onda é determinado por:

a) $k = 3{,}14 \times 10^7 \, m^{-1}$.
b) $k = 3{,}14 \times 10^9 \, m^{-1}$.
c) $k = 3{,}14 \times 10^{10} \, m^{-1}$.
d) $k = 3{,}14 \times 10^8 \, m^{-1}$.
e) $k = 3{,}14 \times 10^6 \, m^{-1}$.

Gabarito: d

Feedback do exercício: Para determinar o número de onda para esse sistema, devemos considerar a expressão descrita pela equação (5.77). Por meio de uma substituição direta dos valores, chegamos à:

$$k = \frac{2\pi}{L} n$$

$$k = \frac{2 \cdot (3,14)}{2 \times 10^{-8}}$$

$$k = 3,14 \times 10^8 \, m^{-1}$$

Se o comprimento da caixa é muito grande, concluímos que o intervalo entre dois números de onda consecutivos é muito pequeno. Desse modo, há um contínuo e, consequentemente, o somatório em k por uma integral:

Equação 5.78

$$\sum_k f(k) \to \int \frac{dk}{\frac{2\pi}{L}} f(k) = \frac{L}{2\pi} \int f(k) dk$$

Toda a análise até aqui descrita é válida para a situação em três dimensões.

O tratamento de orbitais é muito importante, uma vez que permite cálculos relativos a partículas com uma estrutura interna complexa, como na situação de um gás diluído de moléculas diatômicas.

5.4.2 Formulação do problema estatístico

Com base na propriedade quântica de simetria da função de onda, um estado quântico do gás ideal torna-se completamente especificado pelo conjunto dos números:

Equação 5.79

$$\{n_1, n_2, ..., n_j, ...\} = \{n_j\}$$

Nesse contexto, j descreve o estado quântico de um dado orbital e n_j, o número de partículas no orbital j. Já a energia correspondente ao estado quântico $\{n_j\}$ é determinada por:

Equação 5.80

$$E\{n_j\} = \sum_j \varepsilon_j n_j$$

em que ε_j é a energia do orbital j.

Assim, o número total de partículas corresponde a:

Equação 5.81

$$N = N\{n_j\}$$

No tangente ao tratamento estatístico do gás ideal de uma perspectiva da mecânica quântica, estamos interessados em investigar apenas quantas partículas se encontram em cada orbital.

Em se tratando do caso clássico no modelo do gás de Boltzmann, em que as partículas são distinguíveis, precisaríamos saber quais são as partículas que estão em cada orbital.

5.5 Gás quântico ideal de Bose e Fermi

Agora, abordaremos de forma introdutória as estatísticas de Bose e de Fermi, que serão aprofundadas no capítulo seguinte. Para tanto, vamos começar com a estatística de Bose-Einstein válida para bósons, que, como estudamos, são partículas com *spin* inteiro e função de onda simétrica.

Usando a grande função de partição para essa situação e considerando que a soma em *n* varia, obtemos:

Equação 5.82

$$\sum_{n=0}^{\infty} \exp\left[-\beta\left(\varepsilon_j - \mu\right)n\right] = \left\{1 - \exp[-\beta(\varepsilon_j - \mu)]\right\}^{-1}$$

Perceba que a soma só pode existir se $\exp\left[-\beta\left(\varepsilon_j - \mu\right)n\right] < 1$ para qualquer valor de *j*. Caso consideremos que o menor valor para ε_j é 0, obtemos $\exp(\beta\mu)$, ou seja, o potencial químico é sempre negativo.

Existe, contudo, a situação em que $\mu \to 0$. Nesse caso, ocorre o fenômeno conhecido como *condensação de Bose-Einstein*, que será destrinchado no próximo capítulo.

Nesse caso, descrevemos a grande função de partição por meio da seguinte relação:

Equação 5.83

$$\ln \Xi(T, V, \mu) = -\sum_j \ln\left\{1 - \exp\left[-\beta(\varepsilon_j - \mu)\right]\right\}$$

Assim, o número médio de ocupação do orbital *j* é definido como:

Equação 5.84

$$\langle n_j \rangle = \frac{1}{\exp\left[\beta(\varepsilon_j - \mu)\right] - 1}$$

Por conseguinte, a condição $\exp\left[-\beta(\varepsilon_j - \mu)n\right] < 1$ é necessária, pois se deve satisfazer a exigência de que sempre haja a relação $\langle N_j \rangle > 0$ para qualquer orbital *j*.

Considerando, agora, a estatística de Fermi-Dirac, *n* só pode assumir dois valores: $n = 0$ ou $n = 1$. Logo,

Equação 5.85

$$\sum_{n=0}^{\infty} \exp\left[-\beta(\varepsilon_j - \mu)n\right] = 1 + \exp\left[-\beta(\varepsilon_j - \mu)\right]$$

Com isso, a grande função de partição é definida como:

Equação 5.86

$$\ln \Xi(T, V, \mu) = \sum_j \ln\left\{1 + \exp\left[-\beta(\varepsilon_j - \mu)\right]\right\}$$

E o número médio de partículas é determinado pela relação:

Equação 5.87

$$\langle n_j \rangle = \frac{1}{\exp\left[\beta(\varepsilon_j - \mu) + 1\right]}$$

Nesse caso, verificamos que $0 \le \langle n_j \rangle \le$, em concordância com o princípio da exclusão de Pauli.

De maneira resumida, as expressões para os tipos de partículas são descritas por:

Equação 5.88

$$\ln \Xi(T, V, \mu) = \pm \sum_j \ln\left\{1 \pm \exp\left[-\beta(\varepsilon_j - \mu)\right]\right\}$$

e

Equação 5.89

$$\langle n_j \rangle = \frac{1}{\exp\left[\beta(\varepsilon_j - \mu) \pm 1\right]}$$

O sinal negativo indica que as partículas são bósons, já o sinal positivo indica que as partículas são férmions. É importante destacar também que a grande função de partição é descrita em termos das variáveis independentes T, V e μ.

Além disso, a conexão entre o *ensemble* grande canônico e a termodinâmica é descrita por meio da seguinte correspondência:

Equação 5.90

$$\Xi(T, V, \mu) = \exp\left[-\beta \Phi(T, V, \mu)\right]$$

No limite termodinâmico, podemos escrever o grande potencial termodinâmico em termos de:

Equação 5.91

$$\Phi(T, V, \mu) = -Vp(T, \mu)$$

Síntese

- Uma boa introdução ao *ensemble* grande canônico é o estudo do *ensemble* das pressões, em que é possível enxergar de forma simplificada todas as propriedades.
- A conexão entre a termodinâmica e o *ensemble* das pressões é feita por meio da energia livre de Gibbs. Já a conexão para o *ensemble* grande canônico é descrita por meio do grande potencial termodinâmico.

- Quando lidamos com sistemas descritos pela mecânica quântica, devemos considerar qual categoria de partículas estamos interessados em destacar.
- Férmions são partículas com *spin* semi-inteiro e função de onda antissimétrica. Além disso, obedecem o princípio da exclusão de Pauli e sua estatística é conhecida como *estatística de Fermi-Dirac*.
- Bósons são partículas com *spin* inteiro e função de onda simétrica. Sua estatística é denominada *estatística de Bose-Einstein*.

Gases quânticos

Na parte final do capítulo anterior, apresentamos uma introdução às propriedades térmicas dos gases sob a ótica da mecânica quântica. Naquele momento, estávamos restritos a suas principais características e propriedades, em especial a classificação das partículas em duas principais categorias, os férmions e os bósons, cuja diferença principal diz respeito a seu *spin*. Tal distinção possibilita a característica universal de serem distinguíveis (bósons) ou indistinguíveis (férmions).

A partir de agora, continuaremos o estudo dos gases quânticos, enfocando suas características, e apresentaremos novos fenômenos relacionados ao tema, como a intrigante condensação de Bose-Einstein. Inicialmente, trataremos especificamente do gás de férmions, trazendo à tona o caso do gás de Fermi degenerado, que tem muitas aplicações na física – por exemplo, no campo das propriedades térmicas de transporte de substâncias metálicas. Ao final, abordaremos outra importante aplicação dos gases quânticos, agora envolvendo bósons: o gás de fótons. Nesse contexto, obteremos a lei da radiação do corpo negro proposta por Planck.

6.1 Gás de Fermi degenerado

As principais quantidades definidas no capítulo anterior para o caso de férmions serão a base fundamental para o prosseguimento de nossos estudos. A primeira dessas quantidades corresponde à grande função de partição canônica para férmions:

Equação 6.1

$$\ln \Xi(T, V, \mu) = \sum_j \ln\left\{1 + \exp\left[-\beta\left(\varepsilon_j - \mu\right)\right]\right\}$$

A soma presente em (6.1) ocorre sobre todos os estados quânticos de uma única partícula. A média do número de ocupação de um dado orbital é calculada pela seguinte relação:

Equação 6.2

$$\langle n_j \rangle = \frac{1}{\exp\left[\beta\left(\varepsilon_j - \mu\right) + 1\right]}$$

Essa relação é conhecida muitas vezes como *distribuição de Fermi-Dirac*. Como indicamos, a conexão com a termodinâmica é feita por meio do grande potencial termodinâmico:

Equação 6.3

$$\Phi = \Phi(T, \mu, V) \rightarrow -\frac{1}{\beta}\ln \Xi(T, \mu, V)$$

Como $\Phi = -pV$, obtemos:

Equação 6.4

$$p(T, \mu) = -k_B \lim_{V \to \infty} \frac{1}{V} \ln \Xi(T, \mu, V)$$

Por meio da grande função de partição Ξ, podemos definir mais uma vez a fugacidade $z = \exp(\beta\mu)$ e, dessa forma, obter com facilidade os valores da energia interna do sistema (6.5) e do número de partículas (6.6):

Equação 6.5

$$U = \sum_j \varepsilon_j \langle n_j \rangle = \sum_j \varepsilon_j \frac{1}{\exp\left[\beta(\varepsilon_j - \mu)\right] + 1}$$

Equação 6.6

$$N = \sum_j \langle n_j \rangle = \sum_j \langle n_j \rangle \frac{1}{\exp\left[\beta(\varepsilon_j - \mu)\right] + 1}$$

Muitas vezes, não é conveniente trabalharmos com o potencial químico μ constante, portanto, usamos a equação (6.6) para obter um potencial químico $\mu = \mu(T, V, N)$ e, então, substituir nas expressões da energia interna ou da pressão.

Se temos férmions não interagentes, ou seja, temos partículas na ausência de campo eletromagnético, o espectro de energia é dado por:

Equação 6.7

$$\varepsilon_j = \varepsilon_{\vec{k},\sigma} = \frac{\hbar^2 k^2}{2m}$$

Com essa expressão no limite termodinâmico, obtemos:

Equação 6.8

$$\ln \Xi = \gamma \frac{V}{(2\pi)^3} \int d^3\vec{k} \ln\left\{1 + \exp\left[-\beta\left(\frac{\hbar^2 k^2}{2m} - \mu\right)\right]\right\}$$

Nesse caso, o fator $\gamma = 2S + 1$ é a multiplicidade do *spin*.

Dessa forma, a média do número de partículas consiste em:

Equação 6.9

$$\langle n_{\vec{k}} \rangle = \left[\exp\left[\left(\beta\frac{\hbar^2 k^2}{2m} - \beta\mu\right)\right] + 1\right]^{-1}$$

Isso nos mostra que o total de partículas do sistema pode ser obtido do seguinte modo:

Equação 6.10

$$N = \gamma \frac{V}{(2\pi)^3} \int d^3\vec{k} \left[\exp\left[\left(\beta\frac{\hbar^2 k^2}{2m} - \beta\mu\right)\right] + 1\right]^{-1}$$

Logo, a energia interna para o sistema é:

Equação 6.11

$$U = \gamma \frac{V}{(2\pi)^3} \int d^3\vec{k} \frac{\hbar^2 k^2}{2m} \left[\exp\left[\left(\beta\frac{\hbar^2 k^2}{2m} - \beta\mu\right)\right] + 1\right]^{-1}$$

Percebemos que o espectro de energia dos férmions livres apresenta simetria esférica, tal que a energia ε pode ser considerada uma variável de interação. Assim, as equações anteriores podem ser descritas como:

Equação 6.12

$$\ln \Xi = \gamma V \int_0^\infty D(\varepsilon) \ln\left\{1 + \exp\left[-\beta(\varepsilon - \mu)\right]\right\} d\varepsilon$$

Equação 6.13

$$N = \gamma V \int_0^\infty D(\varepsilon) f(\varepsilon) d\varepsilon$$

Equação 6.14

$$N = \gamma V \int_0^\infty \varepsilon D(\varepsilon) f(\varepsilon) d\varepsilon$$

Nesse caso, definimos a função de distribuição de Fermi-Dirac como:

Equação 6.15

$$f(\varepsilon) = \frac{1}{\exp\left[\beta(\varepsilon - \mu)\right] + 1}$$

O termo D(ε) é calculado da seguinte maneira:

Equação 6.16

$$D(\varepsilon) = \frac{1}{4\pi^2}\left(\frac{2m}{\hbar^2}\right)^{3/2} \varepsilon^{1/2} = C\varepsilon^{1/2}$$

A constante $C = \frac{1}{4\pi^2}\left(\frac{2m}{\hbar^2}\right)^{3/2}$ depende da massa do férmion.

Exercício resolvido

A equação (6.16) apresenta uma importante relação para os férmions, a qual compreende uma constante que depende da massa da partícula em questão. Se considerarmos um sistema, por exemplo, um "gás de elétrons", podemos, de forma direta, determinar o valor dessa constante. Nesse sentido, o valor da constante C para o elétron é:

a) $C = 5{,}308 \times 10^{55}$ K.
b) $C = 5{,}308 \times 10^{51}$ K.
c) $C = 5{,}308 \times 10^{53}$ K.
d) $C = 5{,}308 \times 10^{57}$ K.
e) $C = 5{,}308 \times 10^{54}$ K.

Considere: $\hbar = 1{,}054716 \times 10^{-34}$ J·s e $m_e = 9{,}109382 \times 10^{-31}$ kg

Gabarito: a

Feedback do exercício: Podemos encontrar valores distintos para a constante, uma vez que ela depende da massa de cada férmion. Para o elétron, consideramos o valor informado anteriormente, tal que:

$$C = \frac{1}{4\pi^2}\left(\frac{2m}{\hbar^2}\right)^{3/2} = \frac{1}{4\pi^2}\left(\frac{2\cdot(9{,}109382\times 10^{-31})}{(1{,}054716\times 10^{-34})^2}\right)^{3/2}$$

$$C = 5{,}308 \times 10^{55} \text{ K}$$

Verificaremos, adiante, que, na verdade, a relação $\gamma D(\varepsilon)$ descreve uma densidade de energia, ou seja, energia por volume para estados de partículas disponíveis do sistema.

Chamamos de *gás degenerado* todo gás quântico (incluindo os gases de Bósons) que se encontra no estado fundamental. Se consideramos os férmions em especial, a uma temperatura nula, ou seja, quando $\beta \to \infty$, observamos que o número de ocupação mais provável dos orbitais é definido por meio de um potencial degrau, conforme o Gráfico 6.1.

Gráfico 6.1 – Função de distribuição de Fermi-Dirac

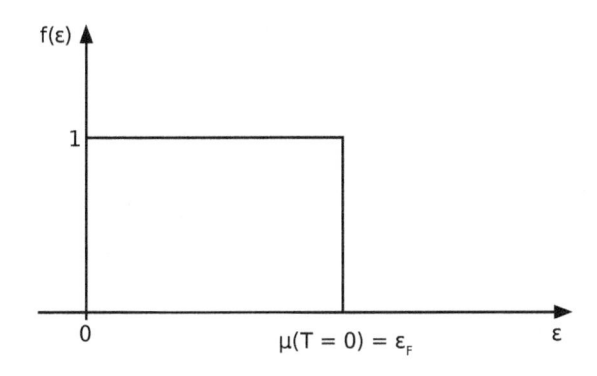

Fonte: Salinas, 2008, p. 208.

Nesse caso, a quantidade definida como ε_F é conhecida como *energia de Fermi* e, por definição, representa o potencial químico a uma temperatura nula. Percebemos, pelo Gráfico 6.1, que todos os orbitais até a energia de Fermi permanecem vazios para $\varepsilon > \varepsilon_F$.

A energia de Fermi pode ser obtida por meio do número de partículas *N* e do volume total onde o gás está contido. Considerando o limite $\beta \to \infty$, a equação (6.13) pode ser redefinida em termos de:

Equação 6.17

$$N = \gamma V \int_0^\infty D(\varepsilon) d\varepsilon$$

Afirmamos, anteriormente, que a quantidade D(ε) descreve a densidade de energia, as representações gráficas a seguir (Gráfico 6.2) possibilitam essa conclusão.

Gráfico 6.2 – Definição de densidade

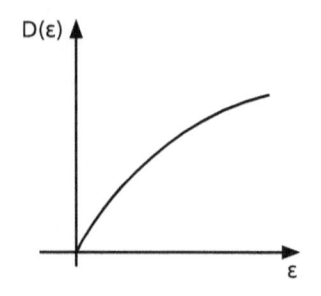

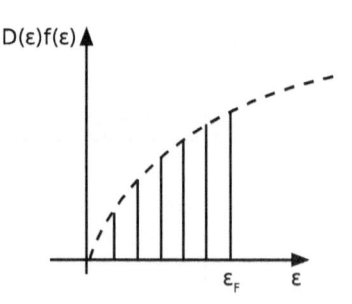

Fonte: Salinas, 2008, p. 209.

Nessa configuração, a função degrau f(ε) corta a D(ε) na energia de Fermi ε_F. Abaixo do valor da energia de Fermi, todos os estados estão ocupados; acima do mesmo valor, todos os estados estão desocupados. Nesse caso, por meio da equação (6.17) chegamos à:

Equação 6.18

$$N = \frac{2}{3}\gamma V \varepsilon_F D(\varepsilon)$$

Equação 6.19

$$\varepsilon_F = \frac{\hbar^2}{2m}\left(\frac{6\pi^2}{\gamma}\right)^{2/3}\left(\frac{N}{V}\right)^{2/3}$$

Podemos ver, claramente, que a energia de Fermi é inversamente proporcional à massa das partículas e cresce com a densidade.

Nessa configuração, a energia interna do estado fundamental é definida por:

Equação 6.20

$$U = \frac{2}{5}\gamma V \varepsilon_F D(\varepsilon) \varepsilon_F^2$$

Assim, a pressão pode ser determinada por:

Equação 6.21

$$p = \frac{2}{5}\frac{N}{V}\varepsilon_F = \frac{\hbar^2}{5m}\left(\frac{6\pi^2}{\gamma}\right)^{2/3}\left(\frac{N}{V}\right)^{5/3}$$

Esse resultado nos traz uma surpreendente interpretação: perceba que, mesmo a uma temperatura nula, o gás apresenta uma certa pressão e ainda necessita estar contido dentro de um recipiente. Veremos, nas próximas seções, que, para o caso de bósons, a pressão é nula no estado fundamental. Essa propriedade é considerada uma consequência do princípio da exclusão de Pauli, o que nos leva à própria instabilidade da matéria.

Por meio da energia de Fermi, podemos definir a temperatura de Fermi:

Equação 6.22

$$T_F = \frac{1}{k_B}\varepsilon_F$$

Em termos explícitos do número de partículas e do volume do recipiente, a temperatura de Fermi é expressa como:

Equação 6.23

$$T_F = \frac{\hbar^2}{2mk_B}\left(\frac{6\pi^2}{\gamma}\right)^{2/3}\left(\frac{N}{V}\right)^{2/3}$$

Percebemos, então, que, quando consideramos uma temperatura muito maior que a temperatura de Fermi, ou seja, $T \gg T_F$, obtemos o limite clássico estudado no capítulo anterior. De maneira geral, a temperatura de Fermi é muito maior do que a temperatura ambiente, de modo que o sistema se encontra próximo do estado degenerado, no qual os efeitos quânticos são de fundamental importância (Reichl, 1998).

No entanto, é importante estabelecer resultados que forneçam informações a respeito de sistemas com temperaturas muito menores que a temperatura de Fermi, ou seja, $T \ll T_F$. Nessas condições, a função de distribuição de Fermi apresenta um degrau com um declínio suave, como indica o Gráfico 6.3.

Gráfico 6.3 – Distribuição de Fermi para $T \ll T_F$

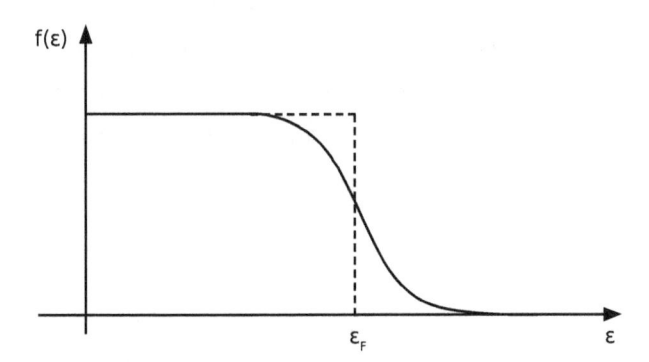

Fonte: Salinas, 2008, p. 212.

Nesse caso, o potencial químico deve ser um pouco menor do que seu valor à temperatura nula.

Se considerarmos a função $D(\varepsilon)f(\varepsilon)$, seu gráfico pela energia fornece alguns dados importantes e novas interpretações (Gráfico 6.4).

Gráfico 6.4 – Função $D(\varepsilon)f(\varepsilon)$ no limite $T \ll T_F$

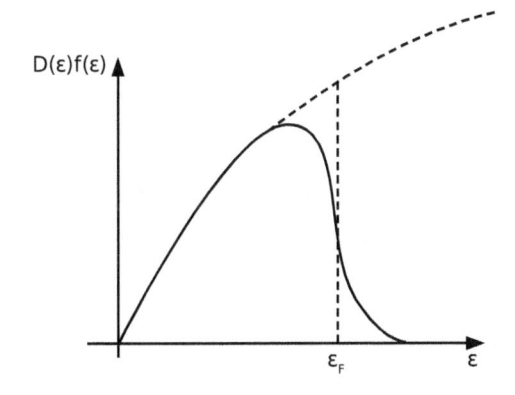

Fonte: Salinas, 2008, p. 212.

No Gráfico 6.4, alguns elétrons que estavam abaixo da temperatura de Fermi agora estão com energias superiores à energia ε_F. Isso indica que houve uma pequena alteração na faixa de energia cujo valor é da ordem de $k_B T$. Dessa forma, o número de elétrons excitados é, aproximadamente, da ordem de:

Equação 6.24

$$\Delta N \approx \gamma D(\varepsilon_F) V k_B T$$

Nessas circunstâncias, é possível definir a variação da energia interna como:

Equação 6.25

$$\Delta N = k_B T \Delta N \approx \gamma D(\varepsilon_F)(k_B T)^2$$

Podemos, com essa informação, determinar o calor específico de acordo com a seguinte relação:

Equação 6.26

$$c_V = \frac{1}{V}\left(\frac{\partial \Delta U}{\partial T}\right)_{V,N} = 2\gamma \frac{V}{N} D(\varepsilon_F) k_B^2 T$$

Utilizando a equação para o número de partículas vista em (6.18), obtemos:

Equação 6.27

$$c_V = 3k_B \frac{T}{T_F}$$

Note que essa relação difere de maneira radical do resultado clássico, que é sempre definido como $c_V = \dfrac{3k_B}{2}$.

Exercício resolvido

As relações apresentadas nas equações (6.26) e (6.27) acarretam uma importante consequência física. Por meio delas, podemos ver de forma clara a grande discrepância que há entre a física clássica e a física quântica, especialmente por conta diferença entre os calores específicos das duas abordagens. Considere um gás de elétrons a uma temperatura de $T = 2,3 \times 10^{12}$ K. Assumindo que a temperatura de Fermi típica para um gás de elétrons corresponde a $T = 8 \times 10^4$ K, qual é o valor do calor específico para essa situação hipotética?

a) $c_V = 1,1905 \times 10^{-17}$ K · K^{-1}.
b) $c_V = 1,1905 \times 10^{-16}$ K · K^{-1}.
c) $c_V = 1,1905 \times 10^{-10}$ K · K^{-1}.
d) $c_V = 1,1905 \times 10^{-13}$ K · K^{-1}.
e) $c_V = 1,1905 \times 10^{-15}$ K · K^{-1}.

Considere: $k_B = 1,380649 \times 10^{-23}$ J · K^{-1}

Gabarito: e

Feedback do exercício: Podemos ver claramente que, para o caso de um gás de Fermi e, portanto, um gás quântico, o calor específico depende da temperatura, de modo que:

$$c_V = 3k_B \frac{T}{T_F} = 3 \cdot \left(1,380649 \times 10^{-23}\right) \cdot \frac{2,3 \times 10^{12}}{8 \times 10^4}$$

Assim, por meio da substituição direta dos valores, obtemos o seguinte resultado para o calor específico:

$$c_V = 1{,}1905 \times 10^{-15} \text{K} \cdot \text{K}^{-1}$$

A dependência de forma linear do calor específico em relação à temperatura é um fato experimentalmente comprovado. Nesse caso, observa-se que, à temperatura ambiente, a contribuição eletrônica para o calor específico é muito pequena. No entanto, no caso de baixas temperaturas, o calor específico do metal pode ser definido como:

Equação 6.28

$$c_V = \gamma T + \delta T^3$$

em que γ e δ são constantes.

O segundo termo de (6.28) está associado aos graus de liberdade para a rede cristalina. A constante γ é obtida eventualmente traçando o gráfico de $\dfrac{c_V}{T}$ versus T^2, o que nos fornece a relação:

Equação 6.29

$$\frac{1}{T} c_V = \gamma + \delta T^3$$

Se extrapolarmos os valores do gráfico no limite em que $T^2 = 0$, obtemos, de forma direta, o valor de γ. A Tabela 6.1 contém alguns valores experimentais para a constante γ em alguns materiais metálicos.

Tabela 6.1 – Constante γ para alguns materiais metálicos

Metal	γ_{teor}	γ_{exp}	$\gamma_{exp}/\gamma_{teor}$
Li	1,8	4,2	2,3
Na	2,6	3,5	1,3
K	4,0	4,7	1,2
Cu	1,2	1,6	1,3
Fe	1,5	12	8,0
Mn	1,5	40	27

Fonte: Salinas, 2008, p. 213.

Para os metais alcalinos e o cobre, há uma concordância razoável entre os resultados do modelo. Para certos materiais com caráter magnético, como o ferro e o manganês, a constante é relativamente grande, de modo que estes estão mais distantes do comportamento ideal.

6.2 Paramagnetismo de Pauli

Vamos investigar, a partir de agora, as propriedades magnéticas de um gás de Fermi (o gás de elétrons). Primeiramente, é importante destacar que, em um sistema de elétrons livres, existe um acoplamento entre os *spins* destes e o campo magnético. Nossa abordagem começa pelo efeito Zeeman, que nos leva às interações entre um campo externo e os momentos magnéticos intrínsecos produzidos pelo fenômeno de paramagnetismo abordado em capítulos anteriores.

Nessa situação, o hamiltoniano para um gás de elétrons livres na presença de um campo eletromagnético é calculado pela relação:

Equação 6.30

$$\mathcal{H} = \sum_{i=1}^{N} \left[\frac{\vec{p}^2}{2m} - g\mu_B \vec{H} \cdot \vec{S}_i \right]$$

Aqui, $\vec{S}_i$ é o operador de *spin* 1/2, g = 2 é o fator giromagnético e μ_B é o magneton de Bohr. Se considerarmos um único elétron, a hamiltoniana é descrita por:

Equação 6.31

$$\mathcal{H}_1 = \frac{\vec{p}^2}{2m} - g\mu_B H S_z$$

Assim, o espectro de energia é definido como:

Equação 6.32

$$\varepsilon_{\vec{k},\sigma} = \frac{\hbar^2 k^2}{2m} - \mu_B H \sigma$$

Nesse caso, $\sigma = \pm 1$. Assim, a grande função de partição deve receber a contribuição do campo magnético H, o que nos leva à seguinte relação:

Equação 6.33

$$\ln \Xi = \sum_{\vec{k}} \sum_{\sigma} \ln\left\{1 + z\exp\frac{\beta \hbar^2 k^2}{2m}\right\} + \beta\mu_B H\sigma$$

E em termos da variável contínua:

Equação 6.34

$$\ln \Xi = \int_0^\infty \varepsilon^{1/2} \left\{\sum_{\sigma} \ln\left[1 + z\exp\beta\varepsilon \pm \beta\mu_B H\sigma\right]\right\} d\varepsilon$$

Dessa forma, é possível escrevermos a grande função de partição em dois termos $\ln \Xi = \ln \Xi_+ + \ln \Xi_-$, em que:

Equação 6.35

$$\ln \Xi_\pm = VC\int_0^\infty \varepsilon^{1/2} \ln\left[1 + z\exp\beta\varepsilon \pm \beta\mu_B H\sigma\right] d\varepsilon$$

Já o número médio de elétrons pode ser encontrado com a seguinte relação:

Equação 6.36

$$N = z\frac{\partial}{\partial z} \ln \Xi = \langle N_+ + N_-\rangle$$

Portanto, o valor médio será:

Equação 6.37

$$\langle N_\pm \rangle = VC \int_0^\infty \varepsilon^{1/2} \left\{\left\{z^{-1} \exp \beta\varepsilon \mp \beta\mu_B H\sigma\right\}\right\}^{-1} d\varepsilon$$

Além disso, podemos escrever a notação para a magnetização do sistema:

Equação 6.38

$$M = \mu_B \langle N_+ + N_- \rangle$$

A fim de investigar a magnetização para o estado fundamental, consideramos o limite de $\beta \to \infty$ na equação (6.37), tal que obtemos:

Equação 6.39

$$\langle N_+ \rangle = \frac{2}{3} VC \left(\varepsilon_F + \mu_B H\right)^{3/2}$$

e

Equação 6.40

$$\langle N_- \rangle = \frac{2}{3} VC \left(\varepsilon_F - \mu_B H\right)^{3/2}$$

O termo ε_F consiste na temperatura de Fermi, que, como assinalamos, representa o potencial químico em $T = 0$. Em suma, nesse processo, tudo ocorre como se a densidade dos estados para os elétrons com *spin* para cima estivesse deslocada no eixo da energia por um valor $-\mu_B H$, ao mesmo tempo que a densidade dos elétrons com *spin* para baixo sofresse um deslocamento $-\mu_B H$. Nessas circunstâncias, o número total de elétrons e a magnetização são, respectivamente:

Equação 6.41

$$N = \frac{4}{3} VC(\varepsilon_F)^{3/2} + O\left[\left(\frac{\mu_B H}{\varepsilon_F}\right)^2\right]$$

e

Equação 6.42

$$M = 2VC\mu_B (\varepsilon_F)^{3/2} \left(\frac{\mu_B H}{\varepsilon_F}\right) + O\left[\left(\frac{\mu_B H}{\varepsilon_F}\right)^3\right]$$

Se consideramos em (6.42) que o termo dominante é de primeira ordem, devemos ter a magnetização definida como:

Equação 6.43

$$M = \frac{3}{2} N\mu_B \frac{\mu_B H}{\varepsilon_F}$$

Com essa expressão, obtemos a suscetibilidade magnética para o caso do gás de Fermi:

Equação 6.44

$$\chi_0 = \left(\frac{\partial M}{\partial H}\right)_{T=0, V, N, H=0} = \frac{3N\mu_B^2}{2\varepsilon_F}$$

Exercício resolvido

A equação (6.44) apresenta a suscetibilidade magnética, que nos conduz, mais uma vez, à famosa lei de Curie do paramagnetismo. Perceba também que ela é apresentada de uma forma bastante modificada quando comparada com aquelas abordadas anteriormente. Neste ponto da discussão, ela carrega a energia de Fermi, que, como sinalizamos, pode ser considerada como uma variável. Consideremos um gás de elétrons, com $N = 2 \times 10^{30}$ partículas. Em geral, a energia de Fermi típica é da ordem de $6{,}08827 \times 10^{-23}$ J, tal que a suscetibilidade magnética desse sistema é da ordem de:

a) $\chi_0 = 4{,}2380 \times 10^{-2}$.

b) $\chi_0 = 4{,}2380 \times 10^{-7}$.

c) $\chi_0 = 4{,}2380 \times 10^{-5}$.

d) $\chi_0 = 4{,}2380 \times 10^{-6}$.

e) $\chi_0 = 4{,}2380 \times 10^{-10}$.

Considere $\mu_B = 9{,}274 \times 10^{-24}$ J/T.

Gabarito: c

***Feedback* do exercício**: Para obter a suscetibilidade magnética, devemos realizar uma substituição direta dos valores na expressão (6.44):

$$\chi_0(T) = \frac{3N\mu_B^2}{2\varepsilon_F} = \frac{3 \times 10^{30} \cdot (9{,}274 \times 10^{-24})^2}{6{,}08827 \times 10^{-12}}$$

$$\chi_0 = 4{,}2380 \times 10^{-5}$$

Com os resultados até aqui descritos, percebemos uma grande discrepância entre os resultados do ponto de vista da mecânica clássica e da mecânica quântica.

6.3 Diamagnetismo de Landau

Podemos considerar que o diamagnetismo, de maneira direta, é o fenômeno de interação do campo magnético externo com o movimento orbital dos elétrons.
Se retiramos o termo de *spin*, o hamiltoniano para uma partícula de massa m e carga q na presença de um campo magnético externo $\vec{H}$ é calculado como:

Equação 6.45

$$\mathcal{H} = \frac{1}{2m}\left(\vec{p} - \frac{q}{c}\vec{A}\right)^2$$

Nesse caso, o termo $\vec{A}$ é o potencial vetor associado ao campo e c é a velocidade da luz. Vale destacar que, na ótica da mecânica clássica, não é possível determinar o fenômeno de diamagnetismo. De fato, considerando a função de partição no espaço de fase clássico, encontramos a seguinte relação:

Equação 6.46

$$Z_1 = \int d^3\vec{r} \int d^3\vec{p}\, \exp\left[-\frac{\beta}{2m}\left(\vec{p} - \frac{q}{c}\vec{A}\right)^2\right]$$

Se fizermos uma substituição de variáveis do tipo $\vec{p}' \to \vec{p} - \left(\dfrac{q}{c}\right)\vec{A}$, a função da partição conduz-nos à relação trivial para o gás clássico sem nenhuma dependência com o campo eletromagnético. Dessa forma, constatamos que o diamagnetismo é um fenômeno puramente quântico.

É possível determinar a frequência de rotação $\omega = \dfrac{qH}{mc}$ de qualquer partícula na presença de um campo magnético uniforme utilizando simplesmente a força de Lorentz.

Consideremos um campo magnético uniforme na direção z:

Equação 6.47

$$\vec{H} = H\hat{k}$$

Podemos escolher um potencial vetor conhecido como *gauge de Landau*, de acordo com:

Equação 6.48

$$\vec{A} = xH\vec{j}$$

Desse modo, obtemos uma hamiltoniana definida como:

Equação 6.49

$$\mathcal{H} = \dfrac{1}{2m}\left[p_x^2 + \left(p_y - \dfrac{qH}{c}x\right)^2 + p_z^2\right]$$

Nesse sentido, podemos escolher a função de onda de Schrödinger do tipo:

Equação 6.50

$$\psi = \exp(ik_y y)\exp(ik_z z)f(x)$$

Por sua vez, a equação de Schrödinger independente do tempo $\mathcal{H}\psi = \varepsilon\psi$ pode ser escrita como:

Equação 6.51

$$\frac{1}{2m}\left[p_x^2 + \left(p_y - \frac{qH}{c}x\right)^2\right]f(x) = \left(\varepsilon - \frac{\hbar^2 k_z^2}{2m}\right)^2 f(x)$$

Com uma mudança de variáveis para *x*, chegamos a:

Equação 6.52

$$x' = x - \frac{c\hbar}{qH}k_y$$

Isso nos permite escrever a equação (6.51) de acordo com:

Equação 6.53

$$\frac{1}{2m}\left[p_{x'}^2 + \left(p_y - \frac{qH}{2mc^2}x'\right)^2\right]f(x') = \left(\varepsilon - \frac{\hbar^2 k_z^2}{2m}\right)^2 f(x')$$

Perceba que, assim, a equação de Schrödinger se reduz à equação para um oscilador harmônico simples com uma frequência básica:

Equação 6.54

$$\omega = \frac{qH}{mc}$$

Essa frequência é idêntica à frequência de Larmor clássica. Assim, somos capazes de reescrever a equação (6.53) de forma explícita com a frequência:

Equação 6.55

$$\frac{1}{2m}\left[p_{x'}^2 + \frac{1}{2}m\omega^2(x')^2\right]f_n(x') = \hbar\omega\left(n - \frac{1}{2}\right)^2 f_n(x')$$

Aqui, n = 0, 1, 2, 3 ...

A função de onda $f_n(x')$ é definida em termos dos polinômios de Hermite, conforme a seguinte expressão:

Equação 6.56

$$f_n(x') = H_n(x')\exp\left[-\frac{1}{2}\alpha(x')^2\right]$$

em que H_n é o polinômio de Hermite e

Equação 6.57

$$\alpha = \frac{qH}{mc}$$

Logo, escrevemos o espectro de energia para o sistema de acordo com a seguinte relação:

Equação 6.58

$$\varepsilon = \varepsilon(n, k_z) = \frac{\hbar^2 k_z^2}{2m} + \hbar\omega\left(n - \frac{1}{2}\right)$$

Aqui, definimos as funções de Landau:

Equação 6.59

$$\psi = \psi_n^{k_y, k_z}(x, y, z) = \exp(ik_y y)\exp(ik_z z)f_n\left(x - \frac{1}{\alpha}k_y\right)$$

Isso nos mostra, de forma clara, a degenerescência em k_y, ilustrada pela Figura 6.1.

Figura 6.1 – Degenerescência em relação a k_y

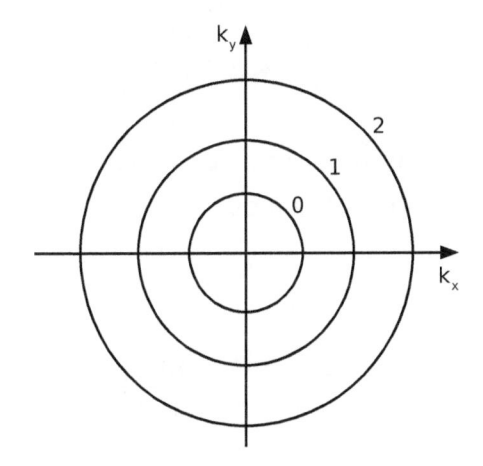

Fonte: Salinas, 2008, p. 224.

A Figura 6.1 fornece as órbitas permitidas para um sistema de elétrons livres na presença de um campo magnético externo.

A degenerescência é feita por meio de uma comparação com o espectro de elétrons livres, ou seja, na ausência de campo magnético. Assim, temos:

Equação 6.60

$$\varepsilon_{livres} = \frac{\hbar^2}{2m}\left(k_x^2, k_y^2, k_z^2\right)$$

É fato que, na presença de um campo magnético, os estados para os elétrons livres entram em colapso para certas órbitas permitidas, desde que estejam no plano $k_x - k_x$. Essas órbitas estão ilustradas na Figura 6.1 e seu raio é calculado como:

Equação 6.61

$$k_x^2 + k_y^2 = \frac{2m}{\hbar^2}\hbar\omega\left(n + \frac{1}{2}\right) = \frac{2qH}{hc}$$

Se considerarmos o sistema dentro de um cubo de lado *L*, até o nível n = 0, temos:

Equação 6.62

$$2\left(\frac{L}{2\pi}\right)^2 \pi \frac{qH}{\hbar c} = \frac{qHL^2}{hc}$$

Essa equação (6.62) evidencia todos os estados eletrônicos no nível anteriormente definido.

Para o nível n = 1, temos:

Equação 6.63

$$2\left(\frac{L}{2\pi}\right)^2 \pi 3 \frac{qH}{\hbar c} = 3\frac{qHL^2}{hc}$$

Para o nível n = 2, temos:

Equação 6.64

$$2\left(\frac{L}{2\pi}\right)^2 \pi 5 \frac{qH}{\hbar c} = 5\frac{qHL^2}{hc}$$

E assim sucessivamente.

Perceba que, para cada nível de Landau, é necessário um fator associado de degenerescência:

Equação 6.65

$$g = 2\frac{qHL^2}{hc}$$

Essa degenerescência causa, de certa forma, um impacto nos níveis de energia:

Equação 6.66

$$\varepsilon = \varepsilon(n, k_z, \delta) = \frac{\hbar^2 k_z^2}{2m} + \hbar\omega\left(n + \frac{1}{2}\right)$$

Nesse caso, $k_z = -\infty, ..., +\infty$ com um espaçamento $\frac{L}{2\pi}$, $n = 0, 1, 2, ...$ e $\delta = 1, 2, ..., g$.

Dessa forma, podemos escrever a grande função de partição como:

Equação 6.67

$$\ln \Xi = 2 \frac{qHL^2}{hc} \sum_{n=0}^{\infty} \frac{L}{2\pi} \int_{-\infty}^{+\infty} dk_z \ln \left\{ 1 + z \exp\left[-\frac{\beta \hbar^2 k_z^2}{2m} - \frac{\beta \hbar qH}{mc}\left(n + \frac{1}{2}\right) \right] \right\}$$

As duas próximas seções dizem respeito ao estudo dos bósons, que apresentam propriedades bastante distintas daquelas até aqui estudadas.

Fique atento!

Além da diferença entre os *spins*, férmions e bósons também se diferem em relação às suas "funções". Os primeiros são partículas responsáveis por manter a estrutura da matéria, já os outros são partículas mediadoras das interações fundamentais, por exemplo, a força eletromagnética é mediada pelos fótons e a força gravitacional, no contexto da física de partículas, é mediada por uma partícula ainda não detectada chamada de *gráviton*.

6.4 Condensação de Bose-Einstein

A partir de agora, analisaremos fenômenos relativos às partículas de *spin* inteiro, isto é, os bósons. Inicialmente, explicitaremos as principais quantidades físicas necessárias para nosso estudo.

A primeira quantidade consiste na grande função de partição canônica para férmions:

Equação 6.68

$$\ln \Xi(T, V, \mu) = -\sum_j \ln\left\{1 - \exp\left[-\beta\left(\varepsilon_j - \mu\right)\right]\right\}$$

Consideramos que a soma em (6.68) ocorre em todos os estados quânticos de uma única partícula. A média do número de ocupação de um dado orbital é determinada pela relação:

Equação 6.69

$$\langle n_j \rangle = \frac{1}{\exp\left[\beta\left(\varepsilon_j - \mu\right) - 1\right]}$$

Essa relação é conhecida como *distribuição de Bose-Einstein*. Mais uma vez, a conexão com a termodinâmica acontece por meio do grande potencial termodinâmico:

Equação 6.70

$$\Phi = \Phi(T, \mu, V) \rightarrow -\frac{1}{\beta}\ln\Xi(T, \mu, V)$$

Visto que $\Phi = -pV$, temos:

Equação 6.71

$$p(T, \mu) = -k_B T \lim_{V \to \infty} \frac{1}{V} \ln \Xi(T, \mu, V)$$

Por meio da grande função de partição Ξ, podemos definir novamente a fugacidade $z = \exp(\beta\mu)$ e, portanto, obter mais facilmente os valores da energia interna do sistema e do número de partículas, respectivamente:

Equação 6.72

$$U = \sum_j \varepsilon_j \langle n_j \rangle = \sum_j \varepsilon_j \frac{1}{\exp\left[\beta(\varepsilon_j - \mu)\right] - 1}$$

e

Equação 6.73

$$N = \sum_j \langle n_j \rangle = \sum_j \langle n_j \rangle \frac{1}{\exp\left[\beta(\varepsilon_j - \mu)\right] - 1}$$

Perceba que essas equações só ganham sentido físico caso $\varepsilon_j - \mu > 0$, que nos permite concluir que o potencial químico deve ser estritamente negativo. No entanto, para altas temperaturas, ou seja, no limite clássico, é fácil verificar que o potencial químico é sempre negativo. Assim, do ponto de vista quântico, considerando um número de partículas fixas, à medida que a temperatura do sistema diminui, o potencial químico aumenta e pode, eventualmente, anular-se. Quando isso ocorre, tem início um intrigante fenômeno conhecido como *condensação de Bose-Einstein*.

Por meio da equação (6.73), que evidencia o número de partículas, podemos obter o potencial químico em função da temperatura T e da densidade $\rho = \dfrac{N}{V}$. Não temos condições de escrever analiticamente uma expressão para o potencial químico $\mu = \mu(T, \rho)$, entretanto, se assumirmos o limite clássico, ou seja, o limite de altas temperaturas, podemos observar:

Equação 6.74

$$\frac{\mu}{k_B T} = \ln\left[\frac{1}{\gamma}\left(\frac{2\pi\hbar^2}{mk_B}\right)^{3/2}\right] + \ln\left(\frac{N}{V}\right) - \frac{3}{2}\ln T$$

Aqui, a quantidade $\gamma = 2S + 1$ é a multiplicidade do *spin*, que, nesse caso, difere drasticamente do caso dos férmions, pois S é um número inteiro. Portanto, perceba que, para altas temperaturas e densidades fixas, o potencial químico é negativo.

Os valores da densidade são obtidos numericamente (aqui, trata-se de um valor médio). A seguir, apresentamos um gráfico do potencial químico *versus* a temperatura para férmions, bósons e partículas livres (Gráfico 6.5).

Gráfico 6.5 – Potencial químico *versus* temperatura

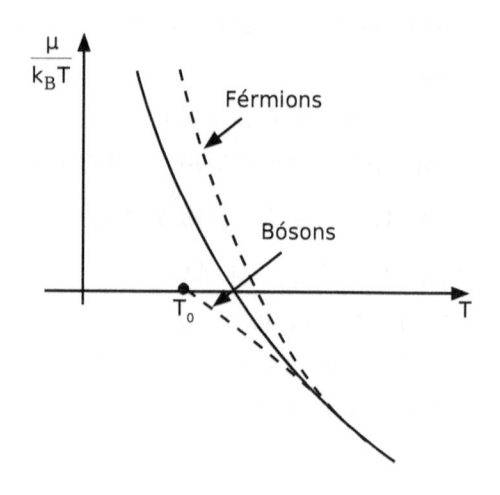

[Figura: gráfico de $\mu/k_B T$ versus T, mostrando curvas para Férmions, Bósons e o ponto T_0]

Fonte: Salinas, 2008, p. 237.

Perceba que, para altas temperaturas, as três curvas coincidem. Note também que, à medida que a temperatura diminui, o potencial químico pode tornar-se positivo para os férmions, assim como para as partículas clássicas; porém, para os bósons, o potencial química atinge o limite $\mu \to 0$. Além disso, para uma determinada temperatura T_0, estabelece-se um valor $\mu = 0$ para qualquer valor de temperatura, tal que $T \ll T_0$.

Podemos determinar a temperatura T_0. Para tanto, vamos considerar $\mu = 0$ na equação (6.73) e o espectro para as partículas livres visto na equação (6.7). Dessa forma, no limite termodinâmico, obtemos:

Equação 6.75

$$N = \gamma V C \int_0^\infty \frac{\varepsilon^{1/2} d\varepsilon}{\exp(\beta_0 \varepsilon) - 1}$$

Nesse caso, a constante C é definida como:

Equação 6.76

$$C = \frac{1}{4\pi^2} \left(\frac{2m}{\hbar^2} \right)^{3/2}$$

Perceba que essa constante é a mesma que encontramos para o caso dos férmions. Aqui, vamos utilizar a mudança de variáveis $x = \beta_0 \varepsilon$ e assumir que:

Equação 6.77

$$\int_0^\infty \frac{x^{1/2} dx}{\exp(x) - 1} = \Gamma\left(\frac{3}{2}\right) \xi\left(\frac{3}{2}\right)$$

Desse modo, podemos obter a expressão para a temperatura T_0:

Equação 6.78

$$T_0 = \frac{\hbar^2}{2mk_B} \left[\frac{4\pi^2}{\gamma \Gamma\left(\frac{3}{2}\right) \xi\left(\frac{3}{2}\right)} \right]^{2/3} \left(\frac{N}{V} \right)^{2/3}$$

Essa expressão (6.78) é conhecida como *temperatura de Bose-Einstein*. Abaixo dessa temperatura, todos os bósons apresentam propriedades peculiares como de um superfluido.

Consideremos, mais uma vez, o número de partículas fornecido pela equação (6.73) tomando o limite quando $T \ll T_0$ e o potencial químico tende a zero. Nesse caso, obtemos:

Equação 6.79

$$\frac{N}{V} = \left[\frac{1}{V}\frac{z}{1-z}\right] + \frac{1}{V}\sum_{j \neq 0}\frac{1}{z^{-1}\exp(\beta\varepsilon_j) - 1}$$

O limite $z = \exp(\beta\varepsilon_j) \to 1$ deve ser obtido com o limite termodinâmico, tal que:

Equação 6.80

$$\left[\frac{1}{V}\frac{z}{1-z}\right] \to \frac{N_0}{V}$$

A quantidade $\frac{N_0}{V}$ corresponde à densidade de partículas no estado em que a energia é nula. Essa temperatura acontece no chamado *condensado de Bose-Einstein*.

❓ O que é

Sabemos que os estados físicos da matéria apresentam características peculiares, principalmente no tangente às suas propriedades térmicas, cruciais para as mudanças de fase. No entanto, no regime de baixas temperaturas, próximas ao zero absoluto, muitas dessas propriedades (até então clássicas) dão lugar aos fenômenos quânticos, como a **condensação de Bose-Einstein**. Assim, o **condensado de Bose-Einstein** equivale a um outro estado da matéria, no limite de baixíssimas temperaturas, que fornece propriedades puramente quânticas (Huang, 2002).

Prosseguindo nossos cálculos, verificamos:

Equação 6.81

$$\frac{1}{V}\sum_{j\neq 0}\frac{1}{z^{-1}\exp(\beta\varepsilon_j)-1} \to \gamma C\int_0^\infty \frac{\varepsilon^{1/2}d\varepsilon}{\exp(\beta_0\varepsilon)-1} = \frac{N_e}{V}$$

Perceba que a equação (6.75) deixa fixo o número de partículas, logo, é possível, ainda, escrever:

Equação 8.82

$$\frac{N}{V} = \gamma C\int_0^\infty \frac{\varepsilon^{1/2}d\varepsilon}{\exp(\beta_0\varepsilon)-1}$$

Nesse caso, β_0 é o inverso da temperatura de Bose-Einstein. Assim, obtemos a seguinte relação:

Equação 6.83

$$N_0 = N\left[1 - \left(\frac{T}{T_0}\right)^{3/2}\right]$$

Podemos traçar um gráfico da razão $\frac{N_0}{N}$ versus a temperatura T ao longo da região em que existem, simultaneamente, um estado macroscópico e os estados excitados (Gráfico 6.6).

Gráfico 6.6 – $\frac{N_0}{N}$ versus temperatura T

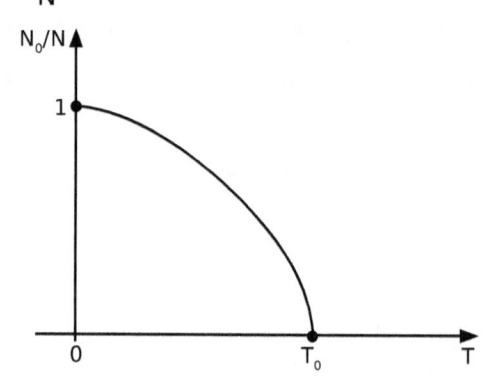

Fonte: Salinas, 2008, p. 240.

Se assumirmos que $N_0 \to N$ para $T \to 0$ e $N_0 \to 0$ para $T_0 \to 0$, nas vizinhanças de T_0, obtemos:

Equação 6.84

$$\frac{N_0}{N} \sim \frac{3}{2}\frac{T_0 - T}{T_0}$$

Para saber mais

RIZZUTI, B. F.; FORGERINI, F. L. Uma interpretação simples para os condensados de Bose-Einstein. **Revista Brasileira de Ensino de Física**, v. 37, n. 1, 1316, jan./mar. 2015. Disponível em: <https://www.scielo.br/j/rbef/a/GgwCmL3NDFsCRXmmLzCMJgj/?format=pdf&lang=pt>. Acesso em: 26 nov. 2021.

Esse artigo de Rizzuti e Forgerini para a *Revista Brasileira de Ensino de Física* fornece uma análise mais simples a respeito do fenômeno de condensação de Bose-Einstein.

Se traçarmos o diagrama de fase em termos das quantidades termodinâmicas μ e T, verificamos uma linha de coexistência de transições de primeira ordem entre o condensado de Bose-Einstein e os estados excitados ao longo do eixo $\mu = 0$ até uma temperatura T_0. Isso pode ser observado no Gráfico 6.7, a seguir, que mostra duas situações. O esquema em (a) consiste no diagrama de fase de um fluido simples, nas vizinhanças de um ponto crítico em termos do potencial químico e da temperatura. Já (b) mostra o mesmo diagrama, mas para um gás de bósons livres.

Gráfico 6.7 – Diagramas de fase para os campos termodinâmicos μ e T

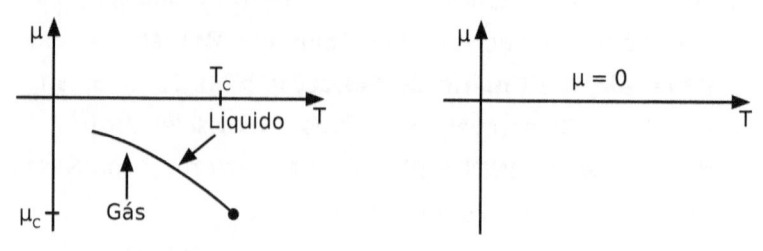

Fonte: Salinas, 2008, p. 241.

É possível realizar essa mesma análise para o hélio, a única substância que não se solidifica à pressão atmosférica, mesmo que a temperaturas extremamente baixas. O hélio líquido apresenta uma transição entre uma fase líquida e uma fase superfluida, que, anteriormente, foi associada à transição de Bose-Einstein (Greiner; Neise; Stöcker, 1997). O Gráfico 6.8 apresenta o diagrama de fase do hélio.

Gráfico 6.8 – Diagrama de fase do hélio

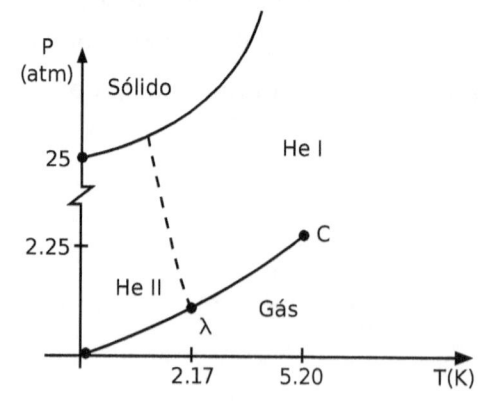

Fonte: Salinas, 2008, p. 242.

Nesse diagrama, a linha tracejada representa uma transição de segunda ordem entre a fase normal He I e a fase superfluida He II.

6.5 Gás de fótons

Encerraremos este capítulo e, também, este livro com o problema do gás de fótons. Nas seções iniciais do capítulo, trabalhamos com o gás de férmions, especialmente o gás de elétrons. Agora, investigaremos as propriedades de um gás de partículas de *spin* inteiro.

Como sabemos, o gérmen da teoria quântica reside no problema da radiação do corpo negro, que consiste em uma discrepância dos valores obtidos pelo experimento da teoria em questão sobre a intensidade da radiação eletromagnética $u(\upsilon)$ provinda do corpo negro.

Essa radiação é uma função da temperatura do corpo. Na época dos estudos iniciais desse campo, a teoria que tentava justificar a emissão dessa radiação era a teoria de Raileygh-Jeans. No entanto, os resultados obtidos divergiam consideravelmente daqueles obtidos experimentalmente. A seguir, verificamos um gráfico da densidade de energia em função da frequência de radiação (Gráfico 6.9), por meio do qual notamos a grande discrepância entre os valores experimentais e teóricos.

Gráfico 6.9 – Densidade de energia em função da frequência

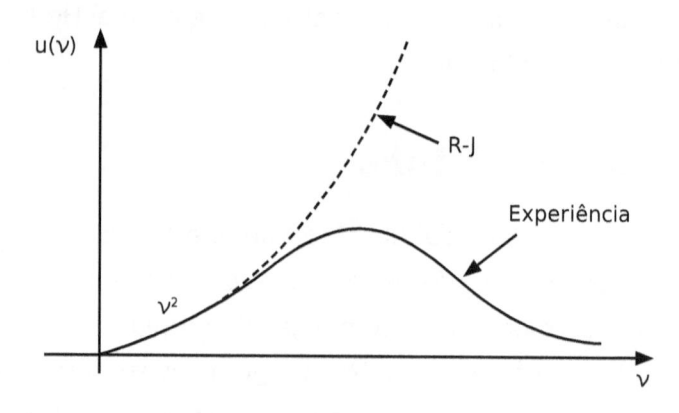

Fonte: Salinas, 2008, p. 249.

Esse problema foi resolvido por Planck, com sua hipótese revolucionária dos quanta de energia. A análise estatística para o gás de fótons necessita de um forte aparato matemático, contudo, aqui, apenas demonstraremos, no contexto da mecânica estatística, como chegar à lei da radiação de Planck para o problema do corpo negro.

Planck considerou que a energia de um oscilador de frequência ν estava restrita a múltiplos inteiros de uma quantidade básica $h\nu$. Nesse caso, h é a constante de Planck. Assim, a função de partição canônica seria expressa por;

Equação 6.85

$$Z = \prod_{\vec{k},j} Z_{\vec{k},j}$$

em que

Equação 6.86

$$Z_{\vec{k},j} = \sum_{n=0}^{\infty} \exp\left(-\beta \frac{h}{2\pi} \omega_{\vec{k}} n\right) = \left[1 - \exp\left(-\beta \hbar \omega_{\vec{k}}\right)\right]^{-1}$$

Isso acarreta a seguinte relação:

Equação 6.87

$$\ln Z = \sum_{\vec{k},j} \ln Z_{\vec{k},j} = -2 \frac{V}{(2\pi)^2} \int d^3\vec{k} \ln\left[1 - \exp\left(-\beta \hbar \omega_{\vec{k}}\right)\right]$$

Como a energia é definida como $U = -\frac{\partial}{\partial \beta} \ln Z$, podemos obter a densidade espectral como:

Equação 6.88

$$u(\upsilon) = \frac{8\pi h}{c^3} \frac{\upsilon^3}{\exp(\beta h \upsilon) - 1}$$

Trata-se da lei de radiação de Planck.

O Gráfico 6.10 demonstra, com clareza, que a lei proposta por Planck (linha pontilhada) satisfaz o resultado experimental (linha cheia).

Gráfico 6.10 – Lei da radiação de Planck

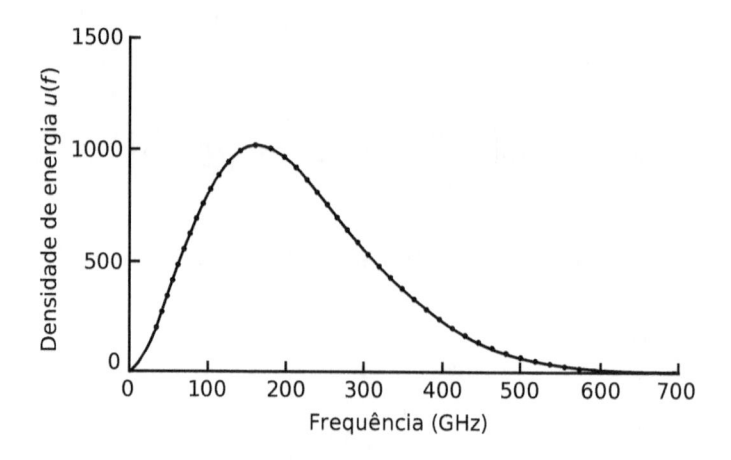

[Gráfico: Densidade de energia u(f) versus Frequência (GHz), com pico próximo a 200 GHz e valor aproximado de 1000.]

Fonte: Tipler, 2017, p. 82.

Em suma, a análise estatística de um gás de fótons é de grande importância, porque, com base nela, foi possível determinar a lei da radiação de Planck por uma perspectiva puramente estatística.

Estudo de caso

José de Brito tem 16 anos e está na terceira série do ensino médio de uma escola pública. É um aluno assíduo nas aulas de física, sempre afirmando a seus professores que cursará o Bacharelado em Física. De nenhuma maneira perde as aulas da disciplina e adora os temas abordados pela física moderna, principalmente aqueles relacionados à radiação do corpo negro, desde que ouviu que o tema está atrelado ao espectro advindo da radiação cósmica de fundo.

No entanto, durante as aulas de física moderna, em uma pequena introdução aos efeitos quânticos, especialmente tratando do perfil da curva experimental da radiação do corpo negro, não compreendeu o fenômeno de maneira geral nem sua divergência com a física clássica.

Nesse sentido, duas perguntas surgiram na cabeça de José: Como seria a curva experimental da radiação emitida pelo corpo negro? Por que há tanta divergência com a teoria clássica para explicar o fenômeno?

Resolução
As duas perguntas que intuitivamente surgiram na mente de José são realmente importantes. O problema da radiação do corpo negro é o que podemos considerar o gérmen da mecânica quântica. Discorrendo sobre essa questão, Planck desenvolveu sua hipótese, que mudou para sempre nossa compreensão das propriedades da matéria em nível atômico, conjecturando que, na verdade, a energia emitida pelo corpo negro vinha na forma de pacotes de onda, ou seja, trata-se de uma energia quantizada. Essa situação é muito diferente do que ocorre nos modelos da física clássica, em que a energia é emitida de forma contínua. Sua conjectura baseou-se no fato de que a teoria existente na época para justificar esse fenômeno era a lei de Rayleigh-Jeans, que trazia uma grande discrepância em relação aos dados experimentais, demonstrando a necessidade de rever alguns pressupostos. Dessa forma, podemos considerar Planck o "pai" da mecânica quântica.

Dicas

1. Uma excelente referência para o estudo do fenômeno de radiação do corpo negro e aplicações é o seguinte artigo:

MEGGIOLARO, G. P.; BETZ, M. E. M. Ensino da radiação do corpo negro em sala de aula. In: SEMINÁRIO DE PESQUISA EM EDUCAÇÃO DA REGIÃO SUL, 9., 2012, Caxias do Sul. **Anais...** Caxias do Sul: UCS; Anped, 2012. Disponível em: <http://www.ucs.br/etc/conferencias/index.php/anpedsul/9anpedsul/paper/viewFile/591/894>. Acesso em: 16 nov. 2021.

2. Como assinalamos anteriormente, uma das melhores formas de observar os fenômenos físicos quando não estamos no laboratório é por meio de simulações computacionais. No *link* a seguir, existem algumas simulações relativas ao espectro de radiação do corpo negro:

ESPECTRO de corpo negro. **Phet**. Disponível em: <https://phet.colorado.edu/pt_BR/simulations/blackbody-spectrum>. Acesso em: 26 nov. 2021.

Síntese

- A conexão com a termodinâmica para os gases quânticos é realizada por meio do grande potencial termodinâmico.
- Podemos encontrar a suscetibilidade magnética para um gás de Fermi. Percebemos, assim, que existe uma

discrepância quando comparamos o resultado com o caso clássico.
- Podemos firmar categoricamente que o diamagnetismo é um fenômeno puramente quântico, sem qualquer análogo clássico.
- A estatística de Bose-Einstein conduz a um importante e intrigante fenômeno conhecido como *condensação de Bose-Einstein*.
- É possível determinar a lei de radiação de Planck por uma perspectiva de um gás de fótons.

Estudo de caso

Giovane tem 17 anos e está na terceira série do ensino médio de uma escola pública. Ele sempre busca muitas informações extraclasse, principalmente relacionadas à física quântica.

Durante uma das aulas de física, em uma abordagem da estrutura da matéria, Giovane deparou-se com uma citação das propriedades térmicas dos corpos em escala atômica. Interessou-se, sobretudo, por uma certa categoria de partículas conhecidas como *bósons*, que apresentam propriedades singulares quando resfriadas a temperaturas próximas ao zero absoluto. Todavia, não compreendeu, de maneira geral, quando o professor explicou que, nesse regime de energia e temperatura, formava-se um novo estado físico, conhecido como *condensado de Bose-Einstein*.

Nesse caso, Giovane questionou-se a respeito de como ocorreriam as interações da matéria nesse nível e de quais seriam as propriedades desse "novo estado" da matéria.

Resolução

As dúvidas de Giovane sobre o tema levam-nos a uma verdadeira jornada pelas propriedades da matéria em níveis maiores de energia e de comprimento.
O condensado de Bose-Einstein emerge do fenômeno de condensação de Bose-Einstein, associado à superfluidez

que ocorre em um gás de bósons a temperaturas próximas ao zero absoluto.

O condensado de Bose-Einstein é considerado um novo estado físico que, de certa forma, ainda não foi compreendido completamente. As propriedades da matéria nesse nível de energia provêm de uma natureza puramente quântica. Dessa forma, como a construção da própria mecânica quântica não está totalmente compreendida, podemos ter apenas esclarecimentos mais gerais sobre o tema.

Dicas

1. Séries, documentários e reportagens permitem-nos enxergar melhor muitos fenômenos físicos do nosso cotidiano, bem como aqueles que estão ao nosso redor, mas não conseguimos enxergar por conta de nosso nível de energia. O vídeo a seguir, em espanhol, apresenta uma boa explicação para o condensado de Bose-Einstein:

ZUDOTAKIMO DEFIANCE. **Condensado de Bose-Einstein**. Disponível em: <https://www.youtube.com/watch?v=ISxTqZAO6to>. Acesso em: 26 nov. 2021.

2. Ainda seguindo a mesma linha de observação, o filme *Spectral* (2016) baseia-se em discussões a respeito dessas propriedades da matéria:

SPECTRAL. Direção: Nic Mathieu. Estados Unidos: Netflix, 2016. 107 min.

3. Mais uma vez, podemos aproveitar simulações computacionais para vermos de forma "prática" os fenômenos relacionados às interações e aos comportamentos das partículas em nível atômico:

INTERAÇÕES ATÔMICAS. **Phet**. Disponível em: <https://phet.colorado.edu/pt_BR/simulation/atomic-interactions>. Acesso em: 26 nov. 2021.

Considerações finais

Como vimos, o termo *mecânica estatística* refere-se a uma grande área da física, a física estatística, que trata dos fenômenos relacionados ao calor em nível microscópico. Atualmente, uma gama de artigos científicos é publicada sobre o referido tema, a fim de investigar cada vez mais as propriedades físicas dos sistemas na estrutura da matéria. Trata-se, sem dúvida, de uma disciplina de fundamental importância na formação de bacharéis e licenciados.

Diante disso, elaboramos este livro com o objetivo fornecer informações primordiais da mecânica estatística, com auxílio de ilustrações, tabelas, gráficos e exercícios resolvidos, para além dos modelos matemáticos fundamentais. Assim, contemplamos desde seus pressupostos básicos até os princípios da física quântica.

Referências

GREINER, W.; NEISE, L.; STÖCKER, H. **Thermodynamics and Statistical Mechanics**. New York: Springer-Verlag, 1997. (Classical Theoretical Physics).

HALLIDAY, D.; RESNICK, R. **Fundamentos de física**. Tradução de Ronaldo Sérgio de Biasi. 9. ed. Rio de Janeiro: LTC, 2013. v. 2: gravitação, ondas e termodinâmica.

HUANG, K. **Introduction to Statistical Physics**. Flórida: CRC Press, 2001.

MORAN, M. J.; SHAPIRO, H. N.; BOETTNER, D. D. **Fundamentals of Engineering Thermodynamics**. 8. ed. New Jersey: John Wiley & Sons, 2008.

OLIVEIRA, M. J. de. **Termodinâmica**. São Paulo: Livraria da Física, 2005.

REICHL, L. E. **A Modern Course in Statistical Physics**. 2. ed. Weinheim: Wiley-VCH, 1998.

SALINAS, S. R. A. **Introdução à física estatística**. 2. ed. São Paulo: Edusp, 2008.

TIPLER, P. A. **Física moderna**. Tradução de Ronaldo Sérgio de Biasi. 6. ed. Rio de Janeiro: LTC, 2017.

Bibliografia comentada

GREINER, W.; NEISE, L.; STÖCKER, H. **Thermodynamics and Statistical Mechanics**. New York: Springer-Verlag, 1997. (Classical Theoretical Physics).

Esse livro faz parte de uma coleção em que Greiner abordou diversas áreas da física desde a mecânica clássica até os temas mais sofisticados e profundos da física quântica. Ideal para estudantes de graduação, a obra trata, também, de temas estudados em cursos de pós-graduação. Destaca-se por apresentar os detalhes dos procedimentos entre as equações, tornando-os de fácil assimilação.

HALLIDAY, D.; RESNICK, R. **Fundamentos de física**. Tradução de Ronaldo Sérgio de Biasi. 9. ed. Rio de Janeiro: LTC, 2013. v. 2: gravitação, ondas e termodinâmica.

Trata-se de um clássico da física básica adotado pela maioria das universidades e faculdades do Brasil e do mundo em cursos de graduação. Esse livro é reconhecido por sua gama de aplicações e por seu didatismo na apresentação dos conteúdos.

HUANG, K. **Introduction to Statistical Physics**. Flórida: CRC Press, 2001.

Essa é uma obra clássica para disciplinas de mecânica estatística, que compreende notas de aula acumuladas quando o autor lecionava no Massachusetts Institute of Technology (MIT). Com uma linguagem simples e acessível, o livro é ideal para estudantes de graduação e também de pós-graduação, pois, apesar de seu didatismo, aborda os conteúdos com grande profundidade.

SALINAS, S. R. A. **Introdução à física estatística**. 2. ed. São Paulo: Edusp, 2008.

Trata-se de outra obra canônica da física estatística. Também consiste em um conjunto de notas de aula, as quais foram produzidas enquanto o autor ministrava cursos de física estatística em níveis de graduação e pós-graduação no Instituto de Física da Universidade de São Paulo (USP). Podemos considerar que o livro se divide em duas grandes partes: a primeira dedicada aos temas iniciais da física estatística e a segunda focada em conteúdos mais avançados, como transições de fases e fenômenos críticos.

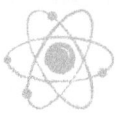

TIPLER, P. A. **Física moderna**. Tradução de Ronaldo Sérgio de Biasi. 6. ed. Rio de Janeiro: LTC, 2017.

Esse é um livro clássico adotado em cursos de graduação e muito consultado até mesmo por estudantes de pós-graduação, visto que apresenta um conteúdo rico e bastante acessível. Nele, encontramos os principais conceitos relativos ao grande pilar da física contemporânea, a chamada física moderna: a teoria da relatividade e os fundamentos da física quântica. Contém ainda alguns capítulos sobre a mecânica estatística e a física de partículas.

Sobre o autor

Eugênio Bastos Maciel
É doutor em Física (2018) pela Universidade Federal da Paraíba (2018), mestre (2013) e bacharel (2011) em Física pela Universidade Federal de Campina Grande (UFCG). Foi professor assistente 1 (substituto) na Unidade Acadêmica de Física da UFCG de outubro de 2017 a setembro de 2019. Atualmente, é professor substituto na Universidade Estadual da Paraíba (UEPB) e realiza estágio de pós-doutorado no Programa de Pós-Graduação em Física da UFCG, atuando nas seguintes áreas: mecânica quântica relativística em espaço curvo, gravitação, cosmologia e teoria quântica de campos.

Os papéis utilizados neste livro, certificados por instituições ambientais competentes, são recicláveis, provenientes de fontes renováveis e, portanto, um meio **respons**ável e natural de informação e conhecimento.

Impressão: Reproset
Fevereiro/2022